地 学 系 列 教 材

地理信息系统实验教程

Dili Xinxi Xitong Shiyan Jiaocheng

张书亮　熊礼阳　辛　宇　　主　编
乐松山　汤国安

中国教育出版传媒集团

高等教育出版社·北京

内容简介

本书依托南京师范大学"地理信息系统原理"国家级一流课程及"十二五"普通高等教育本科国家级规划教材《地理信息系统教程》(第二版),围绕 GIS 概论、地理空间数学基础、空间数据模型、空间数据结构、空间数据组织与管理、空间数据采集与处理、GIS 基本空间分析、DEM 与数字地形分析、GIS 空间统计分析、地理信息可视化、网络 GIS 与地理信息服务等内容,设计了 100 个以问题为导向的实验,开发了相应的实验教学软件。

本书可作为"地理信息系统原理"实验课程的配套教材,也可供相关专业技术人员与研究人员参考。

图书在版编目(CIP)数据

地理信息系统实验教程 / 张书亮等主编. -- 北京:高等教育出版社,2024. 12. -- ISBN 978-7-04-063322-1

I. P208.2-33

中国国家版本馆 CIP 数据核字第 2024WF0844 号

策划编辑	杨俊杰	责任编辑 杨俊杰	封面设计 张雨微	版式设计	马 云
责任绘图	于 博	责任校对 吕红颖	责任印制 耿 轩		

出版发行	高等教育出版社	网 址	http://www.hep.edu.cn
社 址	北京市西城区德外大街 4 号		http://www.hep.com.cn
邮政编码	100120	网上订购	http://www.hepmall.com.cn
印 刷	山东韵杰文化科技有限公司		http://www.hepmall.com
开 本	787mm×1092mm 1/16		http://www.hepmall.cn
印 张	16		
字 数	380 千字	版 次	2024 年 12 月第 1 版
购书热线	010-58581118	印 次	2024 年 12 月第 1 次印刷
咨询电话	400-810-0598	定 价	34.00 元

本书如有缺页、倒页、脱页等质量问题,请到所购图书销售部门联系调换

版权所有 侵权必究

物 料 号 63322-00

审 图 号 宁S(2024)011号

前　言

　　"地理信息系统原理"课程是全国 200 余所高校地理信息科学专业的基础课，也是普通高等学校《地理科学类专业教学质量国家标准》建议的核心课。作为一门实验性强、操作技能要求高的课程，为其编写一部特色与创新兼备的配套实验教材，是编者从事该课程教学实践和改革探索以来的愿望。在国内众多"地理信息系统原理"课程教学团队的共同努力下，近年来该课程在知识体系建构、教材开发、教学方法改革及思政育人模式探索等多方面，取得了诸多引领地理信息科学专业课程体系发展的教学成果。然而，受实验教学内容体系标准缺失、实验课及相关教材匮乏等问题的影响，课程建设长期以来面临着实验教学水平难以匹配高水平创新实践能力人才培养要求的现实问题。近年来，随着地理科学"大类招生"的普遍开展，该课程通常在较早的学期开设，授课对象的专业知识储备与基础也发生了明显的变化。特别在高等教育高质量发展的时代背景下，课程的实验教学面临着全新挑战，亟须开展以教材建设为核心的实验教学改革。

　　南京师范大学汤国安教授主持的"地理信息系统原理"课程是国家精品课程、国家精品资源共享课、首批国家级线上线下混合式一流课程和国家首批课程思政示范课程，课程配套的《地理信息系统教程》（第二版）为"十二五"普通高等教育本科国家级规划教材并获得首届全国教材建设奖二等奖。编者长期参与该课程的教学与改革探索工作，在借鉴学习其他高校课程建设改革成果的基础上，围绕课程教材的内容体系，经过多轮的实验教学尝试，逐步形成了"以实践创新能力培养体系构建为主线，以在线实验教学辅助软件开发为支撑，以校园 100 个实验问题设计为核心"的教材编写思路。

　　本书共 11 章，每章设章节核心知识点实验问题，共计 100 问。每个问题按照软件中"图说与言说""问题解析""问题解答"三部分梳理，分别对应问题的细化解释、实验相关知识梳理和在线实验。在编写教材的同时，立足于提高学生的实践能力，面向符合学生兴趣的校园地理信息应用场景，编者开发了"GISer 在校园"（GISer in University Campus，GIIUC）教学辅助软件。GIIUC 是由"吃在校园""住在校园""学在校园""用在校园"及"知识图谱"五个模块构成的在线应用系统。它既是教材中 100 个问题的实验床，也是一个为学习者提供沉浸式操作、验证、思考的实验教学环境。GIIUC 与教材中的实验问题及问题解析相互配合，让知识传递与创新实践无缝关联，是 GIS 原理课程实验教材的改革创新，也是笔者长期以来基于数字孪生校园开展 GIS 实验课程改革的新尝试。

本书的编辑出版得到了中国地理信息产业协会教育工作委员会、高等教育出版社、南京师范大学地理信息科学国家一流专业建设点，以及江苏省"青蓝工程"优秀教学团队、江苏省地理信息科学课程思政示范专业等建设项目的大力支持，在此一并表示衷心感谢！

由于编者水平有限，书中不妥之处在所难免，恳请读者批评指正！

编　者

2024 年 7 月

目　录

V

第 8 章　DEM 与数字地形分析　　　　　　　　　　/ 187

8.1　概述　　　　　　　　　　　　　　　　　　　　/ 187

8.2　基本概念　　　　　　　　　　　　　　　　　　/ 187

8.3　DEM 建立　　　　　　　　　　　　　　　　　　/ 191

8.4　数字地形分析　　　　　　　　　　　　　　　　/ 195

第1章 概论

1.1 概　述

本章主要基于《地理信息系统教程》（汤国安主编，第 2 版，高等教育出版社于 2019 年出版。以下简称为《主教程》）第 1 章"概论"部分的内容，围绕 GIS 的基本概念、功能、组成、类型、应用范畴和发展历程等知识点，设计了 GIIUC 系统与一般信息系统的区别、GIIUC 系统的组成是什么、GIIUC 系统有哪些功能等 7 个相关实验问题，知识点与具体实验问题的对应详见表 1-1。通过本章实验，读者将在熟悉和了解 GIIUC 系统框架及组成的基础上，提升对 GIS 相关概念性知识的理解。

电子教案
第1章

表 1-1　概论实验内容

实验内容		实验设计问题
1.2	GIS 基本概念	001　GIIUC 系统与一般的信息系统有何区别？
1.3	GIS 组成	002　GIIUC 系统的组成是什么？
1.4	GIS 功能	003　GIIUC 系统有哪些功能？
1.5	认识 GIIUC	004　请熟悉"学在校园"模块和了解它的各项功能。
		005　请熟悉"吃在校园"模块和了解它的各项功能。
		006　请熟悉"住在校园"模块和了解它的各项功能。
		007　请熟悉"用在校园"模块和了解它的各项功能。

1.2　GIS 基本概念

问题 1　GIIUC 系统与一般的信息系统有何区别？

对于初学者而言，每门学科的基础理论无疑都比较难以理解，地理信息系统学科的基础理论学习过程同样如此；如果可以通过学科应用成果反过来了解该学科的基础理论，学习过程就能进行得有趣并且深入。GIIUC（GISer in University Campus）系统是专门为 GIS

教学目的服务的地理信息系统，它能使 GIS 初学者在熟悉的校园背景下学习 GIS 学科基础理论。在刚开始学习时，大学生读者很容易将地理信息系统这门学科理解为"关于地理的信息系统"，所以先请读者结合 GIIUC 系统学习 GIS 基本概念，并思考 GIIUC 系统与一般的信息系统有何区别。

实验目的

（1）掌握 GIS 的定义，能分析其与其他系统的不同。
（2）理解 GIS 的内涵。

问题解析

本实验提出的问题，其本质在于对信息系统、地理信息系统概念的理解。信息系统（information system）是具有采集、管理、分析和表达数据能力的系统。地理信息系统是以地学原理为依托，在计算机软硬件的支持下，研究空间数据的采集、处理、存储、管理、分析、建模和显示的相关理论方法和应用技术，以解决复杂的管理、规划和决策等问题。

实验步骤

打开 GIIUC 系统，如图 1-1 所示。它包括"吃在校园""住在校园""学在校园""用在校园"，以及"知识图谱"五个模块。

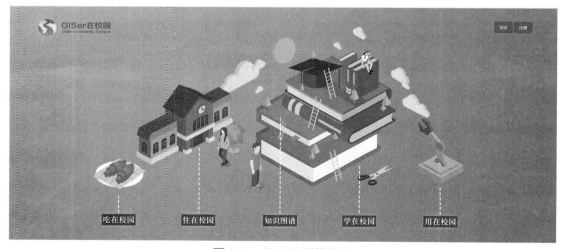

图 1-1　GIIUC 系统主页

点击"知识图谱"按钮，打开"知识图谱"模块，如图 1-2 所示。GIIUC 系统中涉及的知识内容分为 11 个章节，以第四章"空间数据结构"为例，了解 GIIUC 系统的组织结构：每一章包含多个小节，每个小节包含一个或多个知识点对应的问题，每个问题通过"知识点""实验操作"和"实验拓展"三个部分来说明。

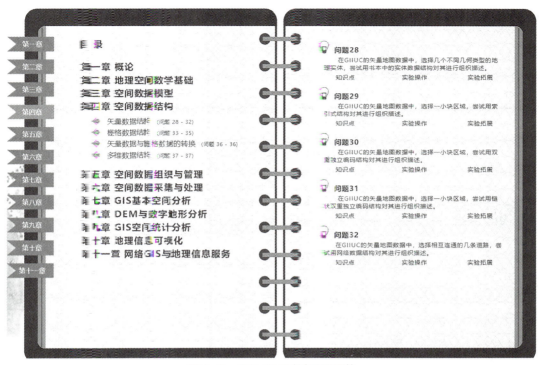

图 1-2　GIIUC 系统知识图谱

GIIUC 系统中吃、住、学、用分别对应四个大的功能模块。以"用在校园"模块为例，点击"用在校园"按钮，进入"用在校园"功能界面，如图 1-3 所示，每个大的功能模块包含多个功能选项卡。在选项卡中，读者可以通过交互操作流程来理解每个功能对应的知识点。

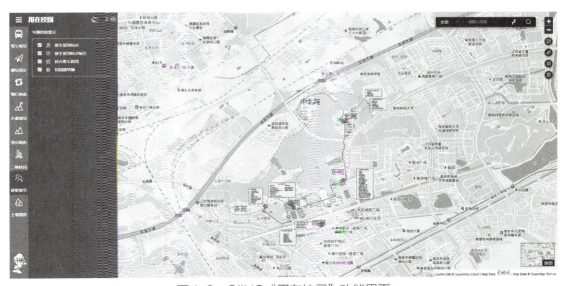

图 1-3　GIIUC "用在校园"功能界面

实验结果

GIIUC 系统是一个引导 GIS 初学者了解地理信息系统学科内容体系的专题地理信息系统。它以校园地理空间为背景，结合校园生活的吃、住、学、用四个方面设计功能点，通过人机交互的方式引导 GIS 初学者学习地理信息系统的基础知识。

1.3 GIS 组成

问题 2 GIIUC 系统的组成是什么？

当读者使用 GIIUC 系统学习的时候，是否思考过，从设计、开发、部署到使用，这套 GIS 系统主要涉及哪些环境或者人员？比如，它部署在什么样的硬件环境中？支撑它的软件有哪些？GIIUC 系统中有哪些类型的空间数据？GIIUC 系统面向哪些人员，他们在 GIIUC 系统中扮演什么角色？

实验目的

掌握 GIS 的基本构成是硬件系统、软件系统、空间数据、地学模型和应用人员。

问题解析

GIS 功能的实现需要一定的环境支持，GIS 运行环境包括计算机硬件系统、软件系统、空间数据、地学模型和应用人员五大部分。其中，计算机硬件系统和软件系统为 GIS 建设提供了运行环境；空间数据反映了 GIS 的地理内容；地学模型为 GIS 应用提供解决方案；应用人员是系统建设中关键和能动性因素，直接影响和协调其他几个组式部分，如图 1-4 所示。

图 1-4 GIS 组成

实验步骤

通过对 GIIUC 系统的操作，了解 GIIUC 系统中提供了哪些类型的空间数据。

（1）矢量数据。登录 GIIUC 系统，点击"住在校园"菜单，选择"分层显示"选项卡，关闭所有的数据分层，再依次分别勾选显示校园的各类数据，其中兴趣点数据如图 1-5 所示。查看每一层数据可知：校园内的"文字注记"属于文本数据集，"兴趣点"

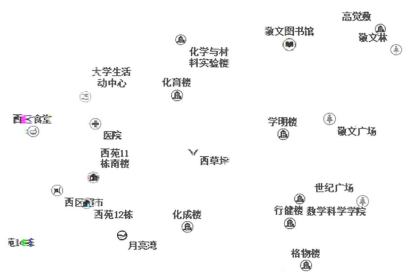

图 1-5 校园兴趣点数居

属于点数据集。"居住区""教学楼""运动场所""服务区""林地""草地""水域"均是面数据集，而"道路"数据是线数据集。

（2）影像数据。点击"住在校园"界面的"影像"选项卡，可查看校园的影像数据。

（3）DEM 数据。点击"住在校园"界面的"地形"选项卡，可查看地形数据。该功能用到的校园"地形数据"属于栅格数据集。

（4）三维数据。点击"住在校园"界面的"日照分析"选项卡，可查看三维校园数据。该功能用到了模型数据集。

实验结果

GIS 系统建设的运行环境主要包括了计算机硬件环境及软件环境，而系统的规模、速度、功能等都受到硬件指标的限制，因此，部署一个系统，基础就是其硬件环境，GIIUC 系统部署的硬件环境如表 1-2 所示。

表 1-2 GIIUC 系统部署的硬件环境

运行环境名称	配置需求
CPU	Intel（R）Xeon@ Platinum 8163 CPU @2.50GHz 8 核
内存	32 GB
硬盘	600 GB

虽然有了硬件环境，但是服务器还只是一个裸机。而 GIS 系统运行还需要各种支撑软件。例如，操作系统；用于数据的存储和管理的大型数据库管理系统；用于发布和管理各类 GIS 数据的 GIS 平台软件等。有了这些基础软件环境以后，还需要用于发布系统业

务相关接口的中间软件等，在 GIIUC 系统中同样也有这些软件支撑环境，具体如表 1-3
所示。

表 1-3　GIIUC 系统部署的软件环境

运行环境名称	软件名称
操作系统	Windows Server2008 R2 Enterprise 及以上
数据库	Mysql5.7
GIS 平台	SuperMap iServer10i（2020）
中间软件及运行环境	Tomcat8.5

空间数据是 GIS 的核心内容，有人将它称为 GIS 的血液，其重要性可见一斑。每一个 GIS 系统都离不开空间数据的支撑，在 GIIUC 系统中用到的空间数据类型包括：点数据集、线数据集、面数据集、栅格数据集、影像数据集、文本数据集，以及模型数据集。

GIIUC 系统设计、建立、运行和维护阶段投入了软件设计人员、项目管理人员、系统开发人员，以及数据维护人员，部署人员将其部署到正式环境上。在 GIIUC 系统上线后，高等学校师生作为最终用户去使用该系统。因此在整个系统的生命周期中，人都起着无可替代的作用。

1.4　GIS 功能

问题 3　GIIUC 系统有哪些功能？

人类在地球上生活所产生的信息，有 80% 以上都与空间位置有关。随着人们对空间信息认识的加深及数字化产品的普及，GIS 系统应用的深度和广度进一步拓宽。除基本功能外，还需要结合行业的具体业务需求开发出符合行业需要的 GIS 应用系统。作为一个 GIS 系统，GIIUC 系统有哪些功能呢？这些功能中哪些是基本的地图功能，哪些是较为复杂的应用功能？请用表格分类记录这些功能。

实验目的

了解 GIS 功能，包括基本功能及应用功能。

问题解析

GIS 的价值与作用就是基于地理对象的重建和空间分析工具，实现对位置、条件查询、趋势、模型和模拟这五个基本问题的求解。因此，GIS 首先要基于各种空间数据重建

真实的地理环境，在此基础上通过空间分析求解，并对分析结果进行输出与表达。不同的
GIS 系统侧重不同的应用功能，但都具备了以下基本功能：① 数据采集功能；② 数据编
辑与处理功能；③ 数据存储、组织与管理功能；④ 空间查询与空间分析功能；⑤ 数据输
出与可视化表达功能；⑥ 应用模型与系统开发功能。

　　GIS 的应用行业非常广泛，基础功能并不能满足各个行业对 GIS 的业务需求。面向不
同的应用环境与需求，GIS 需要利用应用功能解决专业领域内的特定问题，如表 1-4 所示。

表 1-4　GIS 主要应用功能

应用领域	应用功能
社会经济、政府管理	地方管理、交通规划、社会服务规划、城市管理、援助与发展
国防、警务	目标位置识别、战术支持决策、智能数据集成、国土安全与防恐
商业	市场份额分析、运输车辆管理、保险、零售点位置
公共服务	网络管理、服务提供、电力与通信、紧急维护
环境管理	垃圾填埋场选择、矿产分布制图、污染监测、自然灾害评估、灾害管理和救济、资源管理、环境影响评估

实验步骤

　　打开 GIIUC 系统网址，浏览"吃在校园""住在校园""学在校园""用在校园"四个
模块，在左侧操作窗口中切换选项卡，查看并记录不同卡片中的功能，如图 1-6 所示。

<table>
<tr><td>(a) 吃在校园</td><td>(b) 住在校园</td><td>(c) 学在校园</td><td>(d) 用在校园</td></tr>
</table>

图 1-6　不同模块的选项卡

实验结果

通过对 GIIUC 系统的操作，并基于基础功能和应用功能的区别，归纳整理 GIIUC 系统的功能，如表 1-5 所示。

表 1-5 GIIUC 系统的功能

模块	基本功能	应用功能
吃在校园	数据可视化表达、空间查询与空间分析、数据编辑与处理、数据存储组织与管理	食堂分布、美食榜、打卡
住在校园	数据可视化表达、空间查询与空间分析、数据编辑与处理、数据存储组织与管理	影像信息、地图信息、地形信息、日照分析、分类显示
学在校园	数据可视化表达、空间查询与空间分析、数据编辑与处理、数据存储组织与管理	方向分析、空闲教室
用在校园	数据可视化表达、空间查询与空间分析、数据编辑与处理、数据存储组织与管理	班车规划、建站选址、骑行指南、步道规划、登山地形、三维校园、迎新指引

1.5 认识 GIIUC 系统

问题 4 请熟悉"学在校园"模块和了解它的各项功能。

在大学生的学习生活中，很多问题也可以基于 GIS 的知识去分析与应用，比如查找自习教室，教学楼、宿舍与食堂的分布特征有哪些等。请基于 GIIUC 系统"学在校园"模块，熟悉其中的各项功能，了解校园的区域分布特征，以解决实际问题。

实验目的

了解和熟悉 GIIUC 系统"学在校园"模块的主要内容。

实验步骤

进入 GIIUC 系统"学在校园"模块，可以看到左侧选项卡所包含的功能有"方向分析""空闲教室"。点击进入选项卡，可查看当前选项卡的功能信息。

实验结果

通过实验操作可知，GIIUC 系统"学在校园"模块中的功能有"方向分析"和"空闲教室"。

"方向分析",是基于标准差椭圆的原理,查看当前校园区域的分布特征,教学楼、食堂、宿舍的分布情况、分布方向,以及聚集区域等。教学楼的分布方向是呈南北分布还是呈东西分布,食堂主要集中分布在哪个区域,宿舍分布是比较集中的还是分散的,都可以通过"方向分析"功能来解决。

"空闲教室",是根据课程表的数据,假定教室容量作为上课人数,来计算选定时段内教室人口密度,以及教室的空闲率。这一功能可以帮助师生查看在某个时段内,教学楼的上课人数、空闲教室所占比例,以及具体到某一个教室是否被空置。

问题 5 请熟悉"吃在校园"模块和了解它的各项功能。

大学校园内,为了满足全国各地而来的学生口味,各个餐厅、食堂都会提供各种类别的菜系,地域特色、人气美食应有尽有。请基于 GIIUC 系统"吃在校园"模块,了解校园食堂的分区信息,获取各个餐厅、食堂档口的菜系种类,查看校园的美食榜单排名。

实验目的

了解和熟悉 GIIUC 系统"吃在校园"模块的主要内容。

实验步骤

进入 GIIUC 系统"吃在校园"模块,可以看到左侧选项卡所包含的功能有"食堂分布""美食榜""打卡"。点击进入选项卡,可查看当前选项卡的功能信息。

实验结果

通过实验操作我们知道,GIIUC 系统"吃在校园"模块中的功能包括"食堂分布""美食榜"和"打卡"。

"食堂分布"功能,可以查看校园内食堂的分区信息,不同的分区有哪些食堂,不同食堂档口的菜系有哪些;还可以统计食堂档口的总数、各类菜系的占比情况等。通过这个功能,学生能非常方便地找到菜系对应的餐厅和对应的档口。

"美食榜"功能是基于打卡数据统计的校园各分区美食档口的排行榜,以打卡数的多少作为榜单依据,打卡数量最多对应的档口菜系就是当前分区的美食榜第一。通过统计图表的形式对各种类别菜系的数量也进行了表达。学生可以根据美食榜的排名情况来选择人气美食。

"打卡"功能是通过选择某一分析时段,查看当前时段的食堂打卡人数,包括打卡的餐厅、打卡的档口,以及打卡的时间等,也能通过统计图的形式查看校园各分区的打卡信息,以不同颜色值表示打卡人数的高低情况。

问题 6　请熟悉"住在校园"模块和了解它的各项功能。

读者可曾思考过你所处的美丽的校园，它的空间范围有多大？你的宿舍、你所在学院和教学楼的地理位置如何？你的宿舍在什么时间段采光条件最好？这些问题的答案，都在 GIIUC 系统中。请基于 GIIUC 系统"住在校园"模块，熟悉和了解其中的各项功能。

实验目的

了解和熟悉 GIIUC 系统"住在校园"模块的主要内容。

实验步骤

进入 GIIUC 系统"住在校园"模块，可以看到左侧选项卡所包含的功能有"影像""地图信息""日照分析""绘制""地形"，以及"分类显示"。点击进入选项卡，可查看当前选项卡的功能信息。

实验结果

通过实验操作可知，GIIUC 系统"住在校园"模块中的功能包括"影像""地图信息""日照分析""绘制""地形"和"分类显示"。

利用"影像"功能，可以浏览校园卫星影像，查看影像基本信息，通过组合波段或单波段的方式显示卫星影像，并查询影像中各栅格的信息。

利用"地图信息"功能，可以浏览校园电子地图，查看地图基本信息，基于校园电子地图进行坐标查询和坐标拾取，进一步完成地理坐标和投影坐标的相互转换。

利用"日照分析"功能，可以浏览校园三维场景，通过选择时间段、设置底部高层和拉伸高度来对绘制的分析区域进行采光率分析。

利用"绘制"功能，可以基于校园卫星影像，通过选择点、线、面要素并进行交互绘制的方式获得校园地图。

利用"地形"功能，可以浏览南京市栖霞区地形图和校园区域地形图，查看校园 DEM 数据基本信息，查询校园各地点的高程信息，并浏览校园坡度图和起伏度图。

利用"分类显示"功能，可以通过控制图层显示与隐藏的方式了解校园空间实体的分类情况。

问题 7　请熟悉"用在校园"模块和了解它的各项功能。

在我们的日常生活中，很多问题都可以利用 GIS 的能力去解决，比如 GIS 可以结合对地形数据的判读能力，辅助我们去规划登高最佳路径，还可以使我们了解哪条道路易于骑行；GIS 技术，可以为新生报到提供最佳行走路线等。GIIUC 系统"用在校园"模块就是基于 GIS 功能帮助我们解决日常生活中的一些问题。请读者访问并使用"用在校园"功能模块，熟悉它的各项功能。

实验目的

熟悉 GIIUC 系统"用在校园"模块的主要内容。

实验步骤

进入 GIIUC 系统"用在校园"模块，在左侧面板中依次点击"班车规划""建站选址""骑行指南""步道规划""登山地形""三维校园"，以及"迎新指引"功能按钮，逐一打开各个选项卡的功能面板。

实验结果

通过实验步骤可知，GIIUC 系统"用在校园"模块中的功能有"班车规划""建站选址""骑行指南""步道规划""登山地形""三维校园"和"迎新指引"。

"班车规划"功能，是结合校内师生高频活动轨迹与校园道路数据，采取"优先选择与高频活动轨迹重合的路段"的原则，最终确定校车路线和途径站点，在极大程度上为校内师生出行提供了便利。

"建站选址"功能，可结合配电房和道路数据，利用 GIS 的缓冲区和叠置分析功能，为校园准备新建的实验站提供选址依据。

"骑行指南"功能，可根据校园 DEM 数据，对校园进行坡度分析，将坡度数据按照一定原则重新分级，与道路数据叠加，得到适宜骑行、较不适宜骑行、骑行费力道路，为校内骑行提供可靠指南。

"步道规划"功能，根据校园山坡地形数据，利用坡度分析、邻域统计、栅格重分级，以及栅格代数运算，计算出校园山坡地形成本数据，根据成本数据、起点和终点，进行路径分析，计算出一条比较平缓且距离最短的登山步道，以供在校师生登山时作为参考路径。

"登山地形"功能，可利用校园等高线、地形数据及坡向数据，生成明暗等高线，在二维视图的情况下，方便登山爱好者直观获取校园的地形起伏情况，同时，也为登山爱好者提供三维数字校园地形图，使得校园地形更加具体。

"三维校园"功能，可根据校园的三维模型，创建一条飞行路线，方便师生浏览校园概况。

"迎新指引"功能，可通过专题图的形式展示新生报到站点及标注、校内班车路线、校园建筑物等，为新生报到提供了校园指引图，减轻了校相关部门的迎新压力，加深新生对校园的了解程度。

第2章 地理空间数学基础

2.1 概　述

本章主要基于《主教程》第2章"地理空间数学基础"部分的内容，围绕地球空间参考、空间数据投影、空间坐标转换、空间尺度、地理格网等知识点，设计了GIIUC系统采用哪种投影方式、GIIUC系统中不同尺度下的影像分辨率有几种、GIIUC系统中的编码有何规则等8个相关实验问题，知识点与具体实验问题的对应详见表2-1。通过本实验，读者将在掌握GIIUC系统投影、坐标系和空间尺度等概念的基础上，加强对地理空间数学基础知识的转化能力。

电子教案
第2章

表2-1　地理空间数学基础实验内容

实验内容	实验设计问题
2.2　地理空间概述	008　GIIUC系统中电子地图采用哪种坐标系统？
2.3　空间数据投影	009　GIIUC系统中影像数据坐标采用哪种投影方式？
	010　请计算UTM下校园影像数据位于第几个投影带。
2.4　空间坐标转换	011　如何将宿舍楼的地理坐标转换为UTM Zone 50，Northern Hemisphere（WGS 1984）的地图坐标？
2.5　空间尺度	012　在地图上获得所在位置到食堂的行走路线及距离。
	013　GIIUC系统有几种分辨率影像？能观察到哪种尺度的地物？
	014　请思考在1∶1 000，1∶2万，1∶10万的比例尺下绘制运动场有哪些问题。
2.6　地理格网	015　请说出校园空间数据的ID编码原则。

2.2 地理空间概述

问题8　GIIUC系统中电子地图采用哪种坐标系统？

当一套空间数据出现在你面前，有人说："这套数据是WGS-84坐标系统。"你能够理解这句话的意义和内涵吗？坐标系统、空间参考、椭球体，很多人听到这些词也会困惑它们之间有什么联系和区别。同样，读者在使用 GIIUC 系统的过程中，是否思考了以下问题：校园电子地图采用了哪种坐标系统？这种坐标系统主要包括哪些基本参数？

实验目的

（1）了解参考椭球、大地基准面的含义。
（2）掌握坐标系统的分类及基本参数。

问题解析

上文提及的问题，其本质在于对地球空间参考基准的理解。地理空间的数学基础是 GIS 空间数据进行定位、量算、转换和参与空间分析的基准，所有空间数据必须置于相同空间参考基准下才可以进行空间分析。因此，在采集或者使用空间数据的时候，往往需要首先确认空间数据的空间参考信息。在学习 GIS 之初，往往也需要读者去了解地球空间参考相关的概念。

1. 地理空间坐标系统

地理空间坐标系统提供了确定空间位置的参考基准，如图 2-1 所示，常分为大地地理坐标系、参心空间直角坐标系等。

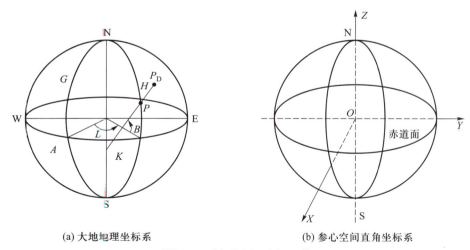

(a) 大地地理坐标系　　　　　　　　(b) 参心空间直角坐标系

图 2-1　地理空间坐标系统

2. 基准面和椭圆体

基准面也是一个非常重要的概念。它是利用特定的椭球体对特定区域的地球表面做最大程度的逼近而形成的一个曲面，如图 2-2 所示。

3. 地理空间坐标系与椭球体、基准面的关系

概括地说，空间数据的定位信息取决于所在的地理空间坐标系，而球面坐标系统的建立必须依托一个椭球体，以及由其派生出的一个基准面。平面坐标系统是按照球面坐标与

平面坐标之间的映射关系，把球面坐标转绘到平面上。

不同国家和地区，不同时期，即使对于相同的地理空间坐标系（如大地地理坐标系），由于具体坐标系基本参数的不同，同一空间点的坐标值也有所不同。此时，如果要对其进行一些空间分析，就需要先进行坐标变换的处理。

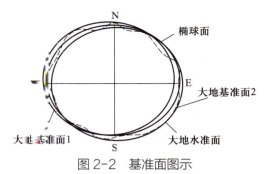

图 2-2　基准面图示

实验步骤

在 GIIUC 系统"住在校园"模块的界面左侧点击"地图信息"选项卡，在左侧的地图信息面板查看地图信息，地图信息如图 2-3 所示。

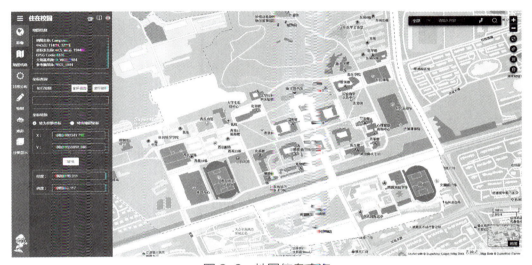

图 2-3　地图信息查询

实验结果

GIIUC 的坐标系为 GCS_WGS-84。该坐标系是一种国际上经常采用的地心坐标系。它的坐标原点为地球质心，其地心空间直角坐标系的 Z 轴指向 BIH（国际时间局）（1984.0）定义的协议地球极（CTP）方向，X 轴指向 BIH（1984.0）的零子午面和 CTP 赤道的交点，Y 轴与 Z 轴、X 轴垂直构成右手坐标系，称为 WGS 世界大地测量系统。

GCS_WGS-84 是世界级地理坐标系，是美国为全球定位系统（GPS）使用而建立的坐标系统，也是全球所有卫星使用的坐标系统。建立 GCS_WGS-84 的一个重要目的，是在世界上建立一个统一的地心坐标系。GCS_WGS-84 坐标系的 EPSG Code 为 4326。

针对地理坐标系统，其基本参数主要包括一个参考椭球体及大地基准面。

GCS_WGS-84 地理坐标系的参考椭球体是 WGS-84（它的长半径为 6 378 137 m，短半径为 6 356 752 m，扁率为 1 : 298.26）。除了 GIIUC 系统中的空间数据使用的参考椭球

15

此外，我国不同时期所采用的参考椭球体及参数如表 2-2 所示。

表 2-2　我国不同时期所采用的参考椭球体及参数

名称	创立年份	长半径 a/m	短半径 b/m	扁率 α
WGS-84	1984	6 378 137	6 356 752	1：298.26
国际椭球体	1975	6 378 140	6 356 912	1：298.257
克拉索夫斯基椭球体	1940	6 378 245	6 356 863	1：298.3

另外，GCS_WGS-84 地理坐标系基于的大地基准面是 D_WGS-84。大地基准面是特定椭球体对特定地区的逼近，每个国家或地区均有自己的基准面，如我们通常说的 1954 北京坐标系、1980 西安坐标系实际上指的是我国的两个大地基准面。1953 年我国参照苏联采用克拉索夫斯基（Krassovsky）椭球体建立了我国的 1954 北京坐标系；1978 年我国又采用国际大地测量协会推荐的 IAG 75 参考椭球体（国际椭球体）建立了我国新的大地坐标系——1980 西安坐标系；2000 国家大地坐标系是当前我国最新的国家大地坐标系，是全球地心坐标系在我国的具体体现。

2.3　空间数据投影

问题 9　GIIUC 系统中影像数据坐标系采用哪种投影方式？

许多读者在初识 GIS 的时候，遇到的第一个"拦路虎"就是坐标系，其中最为困惑的就是投影坐标系。比如当你得到一套数据，数据说明中描述该数据坐标系投影方式为"通用横轴墨卡托投影"，你了解该投影是如何实现的吗？按不同的投影构成方法和变形性质，你能说出哪些不同的投影方式？读者使用 GIIUC 系统的过程中，是否思考了以下的问题：校园影像数据的坐标系采用了哪种投影方式？这种投影方式的变形性质、可展曲面形状，以及投影面与地球轴面的相对位置是怎样的？

实验目的

（1）了解地图投影及其分类方法。
（2）掌握常用地图投影知识，如高斯 - 克吕格投影、通用横轴墨卡托投影等。

问题解析

若要回答本实验问题，则首先需要理解地图投影的含义，了解各类地图投影分类标准及特征。

地球椭球面是一种不可展开的曲面。如果要把这样一个曲面用物理方式表现到平面上，就会出现裂隙或褶皱。为了解决曲面转换为平面的问题，利用数学手段的地图投影应运而生。在数学中，投影的含义是指建立两个点集之间——对应的映射关系；在地图学中，地图投影的实质就是按一定的数学法则，将地球椭球面上的经纬网转换到平面上。如果说坐标系是数据的属性，投影就是坐标系的属性。地理坐标系经过投影后得到投影坐标系，如图 2-4 所示，投影坐标系就由地理坐标系和投影组成。

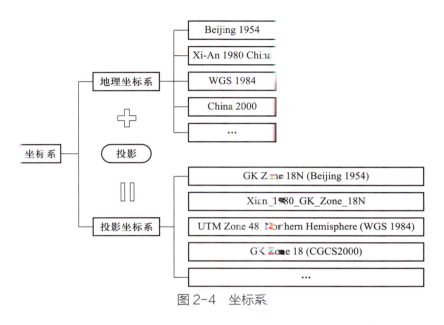

图 2-4　坐标系

按投影的变形性质和投影方式的不同可以将它们分为众多的投影种类。不同种类地图投影的命名规则为：

> 投影面与地球自转轴间的方位关系（正轴、横轴、斜轴）
> +
> 地图投影的变形性质（等角、等积、任意）
> +
> 投影面与地球的位置关系（相切、相割）
> +
> 辅助投影面的类型（方位、圆柱、圆锥）

为了减少地图变形，根据制图区域的地理位置、大小和形状可以选择不同的地图投影。按位置来说，极地附近宜选择方位投影，中纬度地区宜选圆锥投影，赤道附近宜选圆柱投影。按形状来说，圆形区域可选择方位投影，中纬度东西延伸区域可选择圆锥投影，赤道附近东西延伸区域可选择圆柱投影，南北延伸区域多选择横轴圆柱投影。

实验步骤

在 GIUC 系统"住在校园"模块的界面左侧点击"影像"选项卡，在左侧的影像基本信息面板中，点击"查看影像数据基本信息"
按钮，查看影像坐标系信息，如图 2-5 所示。

实验结果

在 GIIUC 系统中，校园影像数据采用 "UTM
Zone 50，Northern Hemisphere（WGS 1984）"投影
坐标系。该坐标系的投影方式为通用横轴墨卡托
投影，也就是一种横轴等角割圆柱投影。

图 2-5　影像数据坐标系信息

通用横轴墨卡托投影的变形性质是等角投影，
即投影前后保持图形相似；该投影以圆柱面作为辅助投影面，投影面的中心轴与地球轴线
相互垂直，投影面与球面相割。

问题 10　请计算 UTM 下校园影像数据位于第几个投影带。

当你得到一系列空间数据，需要将它们统一至坐标系，如"UTM Zone 48，Northern
Hemisphere（WGS 1984）"。根据前面的学习我们知道该坐标系采用 WGS-84 参考椭球
体，使用通用横轴墨卡托投影，那么该坐标系名称中出现的数字"48"指的是什么？什么
是投影带，它的计算方式是怎样的？你能为不同的区域选择最适合的 UTM 吗？读者在使
用 GIIUC 系统的过程中，是否思考了以下的问题：校园空间数据采用的 UTM 坐标系位于
第几个投影带、中央经线在哪里？该如何计算？

实验目的

熟悉常用地图投影的技术参数、主要特征，以及投影带的计算方法。

问题解析

常用的地图投影包括高斯－克吕格投影、通用横轴墨卡托投影，它们都是横轴等角
割圆柱投影。在同一条纬线上离中央经线越远，变形越大。为了控制投影变形程度不致过
大，保证地图精度，一般采用分带投影方法，也就是将投影范围的东西边界加以限制，使
其变形不超过一定的限度。

UTM 是一种横轴等角割圆柱投影，椭圆柱割地球于南纬 80°，北纬 84° 两条等高圈。
投影后两条相割的经线上没有变形，而中央经线上长度比为 0.999 6。UTM 是国际比较通用
的地图投影，我国卫星影像资料常采用 UTM。它与高斯－克吕格投影分带十分相似，也采
用在地球表面按经差 6° 分带的方法。与高斯－克吕格投影不同的是，UTM 的带号从西经
180° 开始由西向东每隔 6° 为一个编号，因此 UTM 1 带的中央经线为西经 177°（-177°）。

> UTM 带号计算方法：
> 带号 =（经度取整 /6）取整 +31

由于中国疆域范围所跨 UTM 带号为 43N～53N，所以可以按 UTM 带号计算方法，得到我国不同经度范围与 UTM 带号对照表（表 2-3）：

表 2-3　UTM 带号对照表

带号	经度范围（东经）	中央经线
43N	72°—78°	75°
44N	78°—84°	81°
45N	84°—90°	87°
46N	90°—96°	93°
47N	96°—102°	99°
48N	102°—108°	105°
49N	108°—114°	111°
50N	114°—120°	117°
51N	120°—126°	123°
52N	126°—132°	129°
53N	132°—138°	135°

实验步骤

在 GIIUC 系统"住在校园"模块的界面左侧点击"影像"选项卡，在左侧的影像基本信息面板中，点击"查看影像数据基本信息"按钮，查看影像坐标系信息。

实验结果

校园影像数据的坐标系投影为通用横轴墨卡托投影，该投影采用从西经 180° 开始每经差 6° 为一带的分带方式。校园所在区域地理位置约在东经 118°，按照 UTM 带号计算方法

带号 =（118/6）取整 +31 = 50

校园位于 UTM 的第 50 个投影带，中央经线是东经 117°。

2.4　空间坐标转换

问题 11　如何将宿舍楼的地理坐标转换为 UTM Zone 50，Northern Hemisphere（WGS 1984）的地图坐标？

在一些谍战影视作品中，我们可以看到士兵在野外利用地理经纬度定位并传递位置信

息。在现实生活中，我们生活的区域也可以用地理经纬度的范围来表示地理位置，例如四川省位于北纬 26° 03′ —34° 19′，东经 97° 21′ —108° 12′ 之间。同一个地点既可以用经纬度表示，又可以用平面直角坐标表示，读者能理解经纬度与平面直角坐标是如何转换，又是如何对应的吗？在 GIIUC 地图中找到你所在宿舍的地理位置，查看它的坐标信息。如果校园空间数据采用的坐标系为 UTM Zone 50，Northern Hemisphere（WGS 1984），那么你所在宿舍的地理坐标信息该如何表示？

实验目的

（1）理解地图投影的实质。
（2）了解空间坐标转换的基本概念。

问题解析

地图投影解决了曲面与平面之间的矛盾，在本问题中将理解地图投影的实质，即要建立地球表面经纬度坐标（B，L）与地图上平面直角坐标（X，Y）之间一一对应的函数关系，如图 2-6 所示。

因此，在同一地理坐标基准下的坐标变换，可以采用间接变换，即先使用坐标反算公式，将某种投影的平面坐标换算为球面大地坐标：（X，Y）→（B，L），然后再使用坐标正算公式把求得的球面大地坐标代入另一种投影的坐标公式，计算出该投影下的平面坐标：（B，L）→（X，Y）。

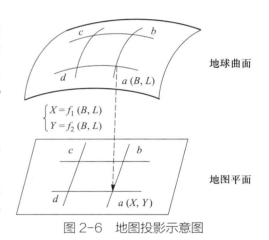

图 2-6　地图投影示意图

实验步骤

在 GIIUC 系统"住在校园"模块的界面左侧点击"地图信息"选项卡，在左侧的地图信息面板中进行坐标查询，可通过两种方式查看你所在宿舍的坐标信息。

一是在查询栏中输入你所在宿舍的名称，点击"查询"按钮，在下方结果栏中将显示其坐标信息，如图 2-7（a）所示。

二是点击"坐标拾取"按钮，在地图窗口通过缩放、平移浏览找到你所在宿舍的位置，在地图上点击你的宿舍，在左侧面板中显示其坐标信息，如图 2-7（b）所示。

"地图信息"面板提供了坐标转换功能，即地理坐标 GCS_WGS-84 与投影坐标 UTM Zone 50，Northern Hemisphere（WGS 1984）的转换。

在"地图信息"面板的坐标转换中，选择"转到投影坐标"选项，将查询到的宿舍的经纬度坐标输入"经度""纬度"栏中，点击"转换"按钮，宿舍的投影坐标信息显示在"X""Y"栏中，如图 2-8 所示。

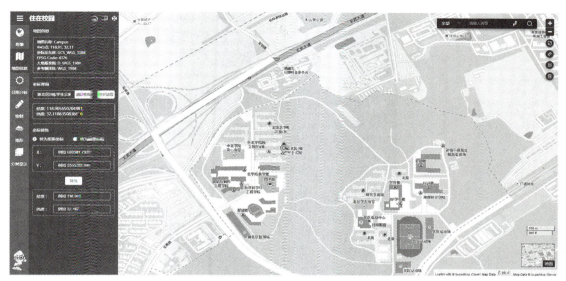

(a) 输入关键字查询

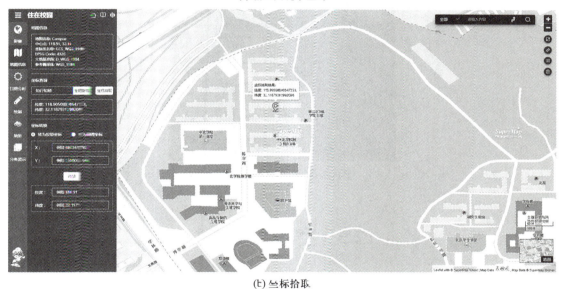

(b) 坐标拾取

图 2-7　查看所在宿舍坐标

实验结果

假如你的宿舍是"新北区 B 栋学生公寓",通过输入查询,得到坐标为:"经度:118.90565204981,纬度:32.1186350836616"(图 2-8)。如果通过"坐标拾取"按钮浏览查询,由于点击位置的差异,那么结果会有一定的坐标值差异。

假如你的宿舍是"新北区 B 栋学生公寓",通过投影转换后得到的 X、Y 值为"X:679781.213956096,Y:3555175.553300166"。

图 2-8　查看所在宿舍的 EPSG 32650 坐标

2.5　空间尺度

问题 12　在地图上获得所在位置到食堂的行走路线及距离。

在明确了所要到达的目的地的时候，如何借助手里的纸质地图或是电子地图，找到你所在位置及目的地的位置呢？不论是电子地图，还是纸质地图，它们都有比例尺，你是否知道这两种比例尺的区别呢，又能否应用比例尺来计算距离呢？在互联网和数字化飞速发展的今天，你觉得纸质地图和电子地图有何异同，电子地图是否会为我们带来更便捷的体验？

实验目的

（1）理解地图尺度的意义。

（2）能正确计算平面图的比例尺，能根据比例尺求图上距离或实际距离。

问题解析

上文提及的问题主要涉及对地图尺度的理解与应用。地图尺度指用比例尺表示的地图与地面实际之间的关系。比例尺是用来控制地图要素与地面事物相互关系的数学要素。一般来说，比例尺是指地图上某线段的长度与实地相应线段的水平投影长度之比。例如，比例尺为 1∶10 000，表明地图上 1 单位的长度相当于实地 10 000 单位的长度。

传统地图上的比例尺通常有以下几种表现形式：数字比例尺、文字比例尺、图解比例尺等。地图上通常将几种不同形式组合起来表示比例尺的概念，最常见的是将数字式与直线式比例尺配合使用。

实验步骤

1. 使用纸质地图获取到达食堂的路线和距离

所采用的方法如下：首先根据地图上的指北针和现实中的方向，观察你所在的位置两个不同方位的明显地标物或地形，然后在地图上找到它们的对应位置，根据观测自己所在位置和这两个实际地标物的角度，按照同样的角度各自画一条线在地图上，交叉的位置就是自己大致在地图上的位置，即采用三角形的定位法。

读者在地图上找到食堂后，先要判断地图上通往食堂最近的道路，并且沿着道路行走。到食堂的距离首先要观察纸质地图的比例尺，接下来根据目测或实际测量纸质地图上的距离，并通过公式（实际距离＝图上距离 × 比例尺）来计算到达食堂的实际距离。

2. 使用 GIIUC 系统，解决上述问题的方法

登录 GIIUC 系统，任意点击某个模块界面右上方搜索栏路径分析按钮（▣），在弹出的输入框中输入你的位置和目的地，并点击搜索按钮（◙）进行搜索。

实验结果

通过两种方式的操作，可以了解到，电子地图更便捷，但它需要借助外部设备，如智能手机、计算机等；纸质地图不需要借助外部设备。但使用起来要求较高，利用比例尺计算距离步骤复杂。

传统纸质地图与电子地图在概念与应用方式上的区别有四条：

① 电子地图的载体不是纸，而是计算机存储介质；

② 电子地图显示地理内容的详略程度可以随时调控，内容可以分块、分层显示，而这些在纸质地图上是固定不变的；

③ 电子地图的内容可以随时修改和更新，并且能把图像、图形、声音和文字合并在一起，而纸质地图不可以；

④ 电子地图的使用必须借助计算机及其外部设备，而纸质地图不需要。

问题 13　GIIUC 系统有几种分辨率的影像？能观察到哪种尺度的地物？

当我们在浏览一幅影像图时，往往会注意图像的分辨率，你知道图像分辨率的具体含义吗？那么对于影像图，不同的分辨率我们又能看到怎样不同的地物信息呢？读者在浏览 GIIUC 系统影像图的过程中，看到几种分辨率的影像？由这些分辨率不同的影像都能观察到具体某条道路的名称吗？

实验目的

（1）理解图像分辨率的含义。
（2）理解图像空间分辨率的含义。

问题解析

上文提及的问题，其本质在于对测度尺度，即分辨率的理解。

图像分辨率简单来说是成像细节分辨能力的一种指标，也是图像中目标细微程度的一种指标。它表示景物信息的详细程度。

与图像分辨率有密切关系的是地面像元分辨率，也被称为空间分辨率。它是遥感仪器所能分辨的最小地面物体大小。例如陆地卫星 TM 影像，除了第六波段以外，一个像元所代表的实地面积大约为 $30\,m \times 30\,m$，则其空间分辨率为 $30\,m$。

不同尺度的空间特征对空间分辨率的要求不同，例如地热资源、矿产资源、大陆架等大型或巨型环境特征的探测需要千米（km）级别的空间分辨率，而有关城市交通密度、居住密度分析和工业发展规划等则需要米（m）级的空间分辨率。由于地图的比例尺不同所反映空间事物的尺度不同，因此遥感图像的空间分辨率与成图比例尺有着密切的关系，即空间分辨率越高，可成图的比例尺越大。

实验步骤

在 GIIUC 系统"住在校园"模块的界面左侧点击"影像"选项卡，通过点击地图窗口右上角的放大、缩小按钮或滚动鼠标滚轮来浏览不同显示比例尺下的影像图，观察 GIIUC 系统地图中包含了几种不同分辨率的影像数据。

实验结果

可以观察到在 GIIUC 系统影像地图中包含 5 种分辨率的影像图。
（1）0.25 m 分辨率的影像图，如图 2-9 所示。在该影像图上能清晰地看到楼房、道路与树木。

（2）0.6 m 分辨率的影像图，如图 2-10 所示。在该影像图上能看到某一区域的住宅区、商业区、道路与植被的分布。

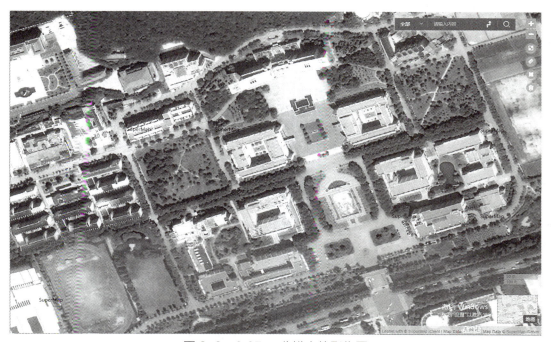

图 2-9   0.25 m 分辨率的影像图

图 2-10   0.6 m 分辨率的影像图

（3）5 m 分辨率的影像图，如图 2-11 所示。在该影像图上已经看不到楼房与清晰的面状道路，我们仅能看到南京市周边各个市的位置，与山脉、河流，以及植被的分布和各条线状道路。

（4）50 m 分辨率的影像图，如图 2-12 所示。在该影像图上能看到中国部分省级行政区的分布情况与中国的海洋国境线的部分轮廓。

图 2-11　5 m 分辨率的影像图

图 2-12　50 m 分辨率的影像图

（5）250 m 分辨率的影像图，如图 2-13 所示。在该影像图上能看到大部分的国家与海洋，相反地，中国的各省级行政区、各地级行政区、住宅区和道路已经完全看不到了。

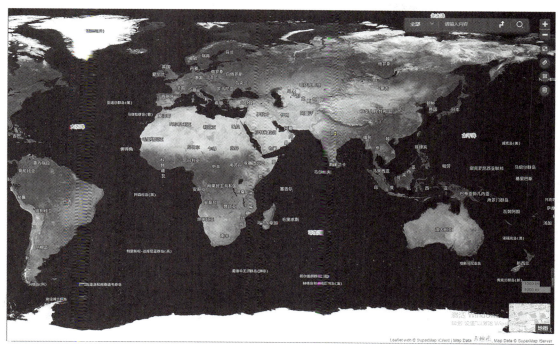

图 2-13　250 m 分辨率的影像图

问题 14　请思考在 1∶1000，1∶2 万，1∶10 万的比例尺下绘制运动场有哪些问题。

在浏览 GIIUC 系统时，你是否发现只有将地图放大到一定比例才能找到某栋教学楼或某个操场？如果想在 GIIUC 系统中添加足球场，你是否可以在各种比例尺下的地图中绘制呢？在 1∶3 万的比例尺下绘制的结果又是否准确呢？

实验目的

（1）理解操作尺度的意义。
（2）能够灵活运用尺度的思想对不同地理问题考察与分析。

问题解析

上文提及的问题，其本质在于对空间尺度中操作尺度的理解。操作尺度是指对空间实体、现象的数据进行处理操作时应采用的最佳尺度，不同操作尺度影响处理结果的可靠程度或准确度。

实验步骤

在 GIIUC 系统"住在校园"模块的界面左侧点击"绘制"选项卡，首先点击右侧放大缩小按钮（ + − ）或用鼠标滚轮进行放大缩小来调整地图比例尺，如图 2-14 所示。在界面

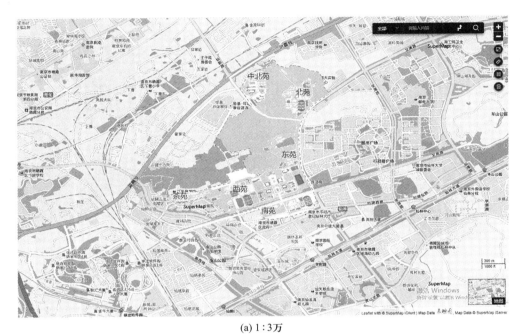

(a) 1 : 3 万

(b) 1 : 2 万

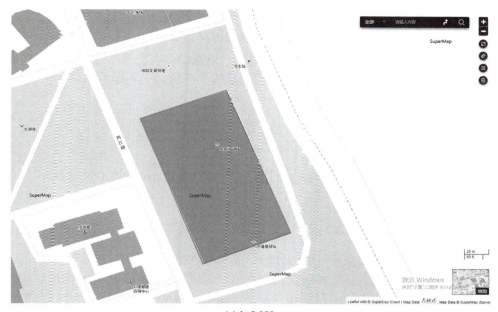

(c) 1:2 000

图 2-14　不同比例尺下绘制足球场

右下方可以查看当前地图的比例尺，然后在绘制面板中点击◰或▢进行多边形或者矩形绘制来添加足球场或篮球场。最后，在 1:2 000，1:2 万，1:3 万的比例尺下分别绘制。

实验结果

通过绘制的操作，可以了解到：在 1:3 万比例尺下绘制足球场很难，因为这是在小比例尺下绘制，看不到校园的轮廓和地物信息，找不到足球场的具体位置，导致绘制不准确。在 1:2 万比例尺下可以进行足球场绘制，校园内各地物信息能大致看到，并且可以找到足球场的位置，但细致的轮廓不清晰，只能绘出大致的轮廓。在 1:2 000 比例尺下可以完整地绘制足球场，地图上的地物信息非常丰富，足球场的轮廓可以完全绘制出来。

综上所述，在进行绘制操作的时候，操作尺度的选择对绘制对象的精准程度有着较大的影响。在绘制足球场或篮球场这种较小覆盖范围的实体时，需要在大比例尺的绘制区域下操作，这样可以准确地找到足球场或篮球场的位置及轮廓。

2.6　地　理　格　网

问题 15　请说出校园空间数据的 ID 编码原则。

在寄快递填写地址时需要填写邮政编码，那么你知道邮政编码这 6 位数字都代表什么意义吗？在路过高速公路或者某座大桥时你注意过公路或桥梁的编号吗？这些数字是依照什么规则编制的呢，又应该如何来使用呢？读者在使用 GIIUC 系统的过程中有没有注意到这样一些 ID 编码呢？从教学楼到林地、路灯、道路，你有没有从这些编码中发现什么规则呢？如果只给你某一个编码，你会知道它是哪个区域什么类型的事物吗？这样的 ID 编码会给我们的生活带来哪些便利呢？

实验目的

了解地理基础标准相关概念，包括区域划分标准、地理信息的编码原则等。

问题解析

上文提及的问题，都是基于区域划分的标准和编码的原则所制定的。

在建立区域和专业地理信息系统时，应将整个区域划分成若干种区域多边形，作为信息存储、检索、分析和交换的控制单元，以及空间定位的统计单元。那么，这就要求系统设计要规定统一的区域多边形控制系统，并规定各种多边形区域的界线、名称、类型和代码。

对地理信息的编码设计是在区域划分标准的基础上进行的。地理信息系统的编码要坚持系统性、唯一性、可行性、简单性、一致性、稳定性、可操作性、适应性和标准化的原则。在考虑需要的同时，也要考虑代码的简洁明了，并在需要的时候可以进一步扩充，最重要的是要适合计算机的处理和操作。

实验步骤

登录 GIIUC 系统任意界面，在界面右上方搜索框中查询教学楼的名称，类型选择"全部"，并在左侧的浮动窗口中查看其属性信息。以敬文图书馆为例，搜索完成后在界面左侧的"查询结果"面板中，点击"详情"，查看搜索结果详情，如图 2-15 所示。

在 GIIUC 系统界面右上方点击搜索框左侧的下拉按钮，点击"道路"，在搜索框中查询某条道路的名称，并在左侧的浮动窗口中查看其属性信息，以三号路为例，查询类型选择"全部"。点击搜索结果"详情"，查看符合条件道路详情（图 2-16）。

实验结果

敬文图书馆的 ID 编码和三号路的 ID 编码分别为 3330011 和 3420029。通过查询多个教学楼与道路发现，编码第一位数字表示空间区域的方位，中北苑为 1，北苑为 2，东苑和西苑为 3，西苑和茶苑为 4。第二位数字为要素类型序号，教学楼为 3，道路为 4。第三位数字为几何类型序号，2 代表线，3 代表面。最后四位数字为索引码，是对各类要素中具体对象的编号。

每个对象编码唯一地标识校园公共设施各类要素中的每个具体对象。GIIUC 系统采用

图 2-15　教学楼 ID 查询

图 2-16　道路查询结果列表

多源分类编码法来生成每个对象的唯一对象编码。其中编码第一位数字表示空间区域的方位，第二位数字表示要素类型序号，第三位数字表示几何类型序号，第 4 至第 7 位数字表示各类要素中具体对象的索引号。

这样的编码标准在数据采集、处理，以及分析上带来了诸多的便利。比如在空间数据外业采集时，使用一套完整的采集编码规范有助于进行空间数据的管理，并且保证了采集小组采集数据的一致性和完整性；在后期进行数据处理及分析时，编码的标准可以帮助用户快速地检索数据，并可以根据编码快速判断这是哪一区域、什么类型的数据。

编码与标准化也直接影响地理信息的共享，为了使数据库和和信息系统能向各用户与组织提供更好的信息服务，配置一套标准的编码也是非常重要的。并且也要按照编码的适用范围，区分不同的管理层次。参照国际、国家、行业标准中有关分类标准体系，制定编码体系。

第3章 空间数据模型

3.1 概　　述

本章主要基于《主教程》第3章"空间数据模型"部分的内容，围绕地理空间与空间抽象、空间数据的概念模型、空间数据的逻辑模型、空间数据与空间关系等知识点，设计了GIIUC系统中存在哪些空间实体、GIIUC系统的空间数据模型如何构建、GIIUC系统中的空间关系有哪些等12个相关实验问题，知识点与具体实验问题的对应详见表3-1。通过本实验，读者将在掌握GIIUC系统空间数据模型、空间关系等概念的基础上，具备初步的空间数据建模能力。

电子教案
第3章

表3-1　空间数据模型实验内容

实验内容	实验设计问题
3.2 地理空间与空间抽象	016 GIIUC系统中的校园地理空间存在哪些空间实体？
	017 请尝试设计GIIUC系统中道路类实体的空间数据模型。
3.3 空间数据的概念模型	018 请描述GIIUC系统中空间实体的主要特征。
	019 请尝试使用几种具体的场数据模型描述校园小山坡区域。
	020 请在一张白纸上绘制一个区域的道路交通网络图。
	021 请尝试利用时空模型知识定量描述自己一天的活动轨迹。
3.4 空间数据的逻辑模型	022 从校园基础设施管理的角度，尝试对数据进行逻辑和物理模型的设计与建模。
3.5 空间数据与空间关系	023 GIIUC系统中有哪几类空间数据？
	024 请指出GIIUC系统空间实体类几何图形的表示方法。
	025 请说出GIIUC系统影像的象元大小、空间分辨率和比例尺。
	026 请整理出GIIUC系统校园某一区域空间数据的拓扑关系表。
	027 结合问题26中的拓扑关系表，判断各实体地物之间的空间关系。

3.2　地理空间与空间抽象

问题 16　GIIUC 系统中的校园地理空间存在哪些空间实体?

我们生活所在的现实世界有着复杂的地理事物和现象。大至我们生活的城市，小至路边的一个垃圾箱，它们是如何在 GIS 中表达的呢? 为了能用信息系统的工具来描述现实世界，需要将复杂的地理事物和现象简化抽象，得到的结果就是地理空间实体。请读者结合 GIIUC 系统查看校园地理空间存在哪些空间实体。请选择几个空间实体，如图书馆、道路等，从空间位置、属性、空间关系的角度，描述其各个特征。

实验目的

（1）理解地理空间与空间实体的含义。

（2）能够利用地理信息系统工具对地理事物和现象进行简化抽象。

问题解析

要解答本实验问题，需要理解空间实体的含义及其基本特征。在计算机中，现实世界是以数字形式来表达和记录的，地理空间中的事物和现象所代表的现实世界需要简化抽象来得到地理空间实体，以便在地理信息系统中进行操作处理。地理空间实体是地理信息系统中不可再分的最小单元，简称空间实体，例如一个路灯、一栋房子、一条河流都可以看作地理空间实体，它们具有四个基本特征：空间位置特征、属性特征、时间特征和空间关系特征。

（1）空间位置特征（几何特征）。它包括空间实体在一定坐标系下的位置、大小、形状和分布状况等。例如校园中的敬文图书馆可以看作一个地理空间实体，它在 GCS_WGS-84 坐标系下的位置为"经度：118.906132，纬度：32.105668"，面积大小约为 5 055 m²，形状是多边形，分布在校园中靠近西苑的位置。

（2）属性特征（非空间特征或专题特征）。属性特征是对空间实体特性的描述信息，用定性或定量的方式描述和区分不同的地理空间实体。定性的属性包括名称、类型、特性等，定量的属性包括数量和等级等。例如，校园中道路的定性属性包括它的 ID、名称、类型，定量属性包括道路的等级和宽度。

（3）时间特征。它是指地理空间实体随时间变化而变化的特征，即空间实体的空间位置和属性相对于时间的变化情况。例如因学校学生扩招需要更多的宿舍，校园中的绿地新建了学生宿舍楼（空间位置和属性都发生了变化），或校园道路更名（属性变化），以及图书馆扩建（空间位置变化）等。

（4）空间关系特征。它包括拓扑空间关系、顺序空间关系和度量空间关系。

① 拓扑空间关系：用来描述空间实体的邻接、连通、包含和相交等关系。例如校园中栖霞广场和采月湖邻接、文苑路和文澜路连通、绿地包含了网球场、高师路与厚生路相交等。

② 顺序空间关系：用于描述实体在地理空间上的排序，如实体之间前后、上下、左右和东、西、南、北等方位关系。例如敬文图书馆在东区运动场的西边，校园在仙林火车站的南边。

③ 度量空间关系：用于描述空间实体之间的距离远近等关系。例如西区田径场距离北区运动场比较远，可以定量度量约为 1.63 km。

实验步骤

在 GIIUC 系统"住在校园"模块界面右上方查询栏点击分类选择框，选择需要查询的地物类型（如"道路"），并输入查询关键字（如"文苑路"），点击查询 🔍 按钮，就能在左侧操作窗口列出所有查询结果。点击查询结果所带的"详情"按钮，即可查看该结果的详细字段信息，如图 3-1 所示。

图 3-1　查询结果

以敬文图书馆及周边的空间实体为例。在 GIIUC 系统"住在校园"模块界面右侧查询工具栏依次查询敬文图书馆、敬文广场、敏行路、学正楼和西草坪，查询结果就可显示在左侧操作窗口。点击每一个查询结果所带的"详情"按钮可查看该结果的详细字段信息。

实验结果

地理空间实体是对地理事物和现象的简化和抽象，校园中的教学楼、道路、ATM、运动场等都是与地理空间位置有关的，有一定几何形态、分布状态，以及相互关系的地理空间实体。

选择敬文图书馆、敬文广场、敏行路、学正楼和西草坪描述其空间实体特征，如表 3-2 所示。

表 3-2　空间实体的特征信息

空间实体	空间位置特征	属性特征	空间关系特征
敬文图书馆	经度：118.906 132 纬度：32.105 668 形状：多边形	ID：3330011 类型：服务区 高度：9 m	与敬文广场邻接
敬文广场	经度：118.906 694 纬度：32.104 606 形状：多边形	ID：3330013 类型：广场	与敬文图书馆邻接
敏行路	经度：118.906 004 纬度：32.106 245 形状：线形	ID：3420017 类型：校内道路 宽度：8 m	在敬文图书馆北方 与两江路连通
学王楼	经度：118.907 286 纬度：32.104 796 形状：多边形	ID：3330014 类型：教学区 高度：21 m	在敬文图书馆东南方 与敬文广场邻接
西草坪	经度：118.904 81 纬度：32.104 13 形状：多边形	ID：4630021 类型：绿地	在敬文图书馆西南方 与笃学路邻接

问题 17　请尝试设计 GIIUC 系统中道路类实体的空间数据模型。

现实世界复杂多样，丰富的事物和现象如何能被计算机理解和操作？一条道路、一栋建筑从认知到能在计算机中表达经过了哪些步骤？空间认知和抽象就是要对现实世界进行认知、简化和抽象表达，并将抽象结果组织成有用并能反映现实世界真实状况的数据形式。请读者在使用 GIIUC 系统的过程中，依据空间实体抽象的三个层次，尝试设计校园中道路类实体的概念模型、逻辑模型和物理模型。

实验目的

（1）了解空间实体抽象的三个层次及过程。
（2）理解概念模型、逻辑模型和物理模型的含义。

问题解析

解答本实验问题，需要了解空间实体抽象的基本思路。这个过程的基本思路是：首先确定空间领域，然后建立概念模式，最后构成既方便人们认识又适合计算机解释和处理的实现模型。

实验步骤

根据对问题解析的理解，依据空间实体抽象的三个层次，考虑 GIIUC 系统中道路类实体可被标识并且有明确的特征可被描述，可以把它们构建成对象模型。建模步骤如下：

1. 构建概念模型

首先需要确定道路这一地理空间实体的属性，以及它与其他地理空间实体（如道路上的班车站点、道路旁的停车区域等）间的空间关系。利用 E-R 图建立概念模型，如图 3-2 所示，其中矩形表示各空间实体类，椭圆表示空间实体的属性，菱形表示空间实体之间的空间关系。

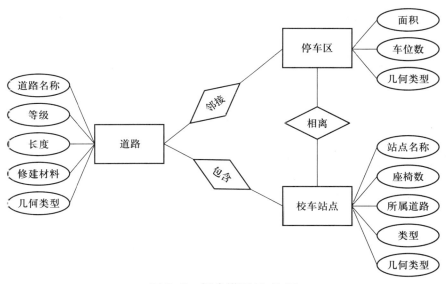

图 3-2　概念模型 E-R 图

2. 构建逻辑模型

以上述校园中的道路、校车站点及停车区三类地理空间实体的概念模型为基础，将每一类地理空间实体的关系表，以及不同类之间的空间关系转化的关系表，形成一套逻辑模型的表格。

（1）把每一类地理空间实体转化成关系表，如表3-3、表3-4、表3-5所示。

表3-3　道　路　类　表

字段名	字段类型	字段长度	小数位	取值限制	备注
标识符	字符型	255		道路类的唯一标识符	主键
道路名称	字符型	255			
等级	字符型	255		{"校内道路""主要道路"}	
长度	浮点型	8	2		
修建材料	字符型	255		{"沥青""水泥""砌块"}	
几何类型	字符型	255		{"点""线""面"}	

表3-4　校车站点类表

字段名	字段类型	字段长度	小数位	取值限制	备注
标识符	字符型	255		校车站点类的唯一标识符	主键
站点名称	字符型	255			
座椅数	整型			[1，10]	
所属道路	字符型	255			
类型	字符型	255		{"等车亭""等车牌"}	
几何类型	字符型	255		{"点""线""面"}	

表3-5　停车区类表

字段名	字段类型	字段长度	小数位	取值限制	备注
标识符	字符型	255		停车区类的唯一标识符	主键
面积	浮点型	8	2		
车位数	整型			[1，99]	
几何类型	字符型	255		{"点""线""面"}	

（2）把类之间的空间关系转化成关系表，如表3-6、表3-7、表3-8所示。

表3-6　道路与校车站点相离关系表

字段名	字段类型	字段长度	小数位	取值限制	备注
校车站点标识符	字符型	255			主键
方位	字符型	255		{"东""西""南""北"}	
距离	浮点型	8	2		
道路标识符	字符型	255			

表 3-7 道路与停车区邻接关系表

字段名	字段类型	字段长度	取值限制	备注
停车区标识符	字符型	255		主键
邻接图形类型	字符型	255	{"线"}	
邻接图形	线			
道路标识符	字符型	255		

表 3-8 校车站点与停车区包含关系表

字段名	字段类型	字段长度	取值限制	备注
校车站点标识符	字符型	255		主键
停车区标识符	字符型	255		

3. 构建物理模型

在计算机中，道路类空间实体以矢量数据结构的方式存储在空间数据库中。图 3-3 是地图表示的道路类线对象，对应存储在数据库中的结构如图 3-4、图 3-5 所示。

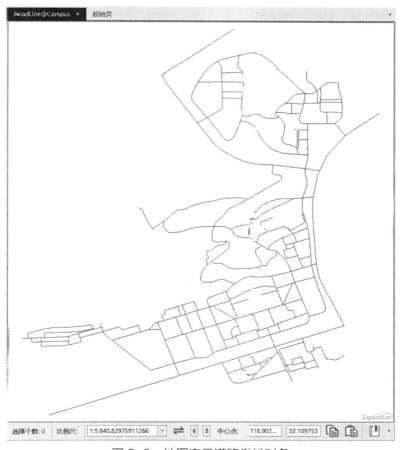

图 3-3 地图表示道路类线对象

	COLUMN_NAME	DATA_TYPE	NULLABLE	DATA_DEFAULT	COLUMN_ID	COMMENTS
1	SMID	NUMBER(38,0)	No	(null)	1	(null)
2	SMKEY	NUMBER(38,0)	No	-2	2	(null)
3	SMSDRIW	NUMBER(38,16)	No	0	3	(null)
4	SMSDRIN	NUMBER(38,16)	No	0	4	(null)
5	SMSDRIE	NUMBER(38,16)	No	0	5	(null)
6	SMSDRIS	NUMBER(38,16)	No	0	6	(null)
7	SMGRANULE	NUMBER(38,16)	Yes	0	7	(null)
8	SMGEOMETRY	LONG RAW	Yes	(null)	8	(null)
9	SMUSERID	NUMBER(38,0)	No	0	9	(null)
10	SMLIBTILEID	NUMBER(38,0)	Yes	1	10	(null)
11	SMLENGTH	NUMBER(38,16)	No	0	11	(null)
12	SMTOPOERROR	NUMBER(38,0)	No	0	12	(null)
13	道路名称	NVARCHAR2(255 CHAR)	Yes	(null)	13	(null)
14	等级	NVARCHAR2(255 CHAR)	Yes	(null)	14	(null)
15	标识码	NVARCHAR2(255 CHAR)	Yes	(null)	15	(null)
16	长度	NUMBER(38,16)	Yes	(null)	16	(null)
17	修建材料	NVARCHAR2(255 CHAR)	Yes	(null)	17	(null)

图 3-4　数据库中道路类实体属性字段

	SMID	SMKEY	SMSDRIW	SMSDRIN	SMSDRIE	SMSDRIS	SMGRANULE	SMLENGTH	标识码	道路名称	等级	长度	修建材料
1	1	-2	118.902978480042	32.1183146232456	118.903576550269	32.1159651622537	0.0005980702269284	68.4642112074608	1420009	博学路	校内道路	(null)	(null)
2	2	-2	118.903020385891	32.1185909779407	118.904470938783	32.1185699028724	0.0014505528917681	136.910545505427	1420001	(null)	校内道路	(null)	(null)
3	3	-2	118.905741306706	32.1165583734828	118.907972561595	32.1162702577734	0.0023312548893808	225.618502200047	1420006	(null)	校内道路	(null)	(null)
4	4	-2	118.910542686039	32.1175085797084	118.911823757113	32.1174987724296	0.0012810710746294	120.902685375406	2420034	(null)	校内道路	(null)	(null)
5	5	-2	118.910506238281	32.1173437515907	118.911847421371	32.1166848351169	0.0013411830893375	225.1531349308	2420036	(null)	校内道路	(null)	(null)
6	6	-2	118.910916364467	32.1166912220657	118.911860073301	32.1166851708935	0.0009437080338444	89.0629028889459	2420037	(null)	校内道路	(null)	(null)
7	7	-2	118.910916364467	32.1166912220657	118.910923058349	32.1169502465153	0.0007409755509463	28.1683529027878	2420040	(null)	校内道路	(null)	(null)
8	8	-2	118.908746283757	32.1172360562616	118.908749820971	32.1165897118462	0.0006463444154434	71.6731711172671	2420028	(null)	校内道路	(null)	(null)
9	9	-2	118.907796254141	32.1166450409702	118.908749820971	32.1165897118462	0.0009535668301055	91.2584601060292	2420022	(null)	校内道路	(null)	(null)
10	10	-2	118.908950312697	32.115601155327	118.909119303093	32.1143500786828	0.0012510766442202	145.333992091885	2420022	(null)	校内道路	(null)	(null)
11	11	-2	118.909191453912	32.1149534854142	118.909745662961	32.114952431469	0.0005540090489957	52.3033387170896	2420024	(null)	校内道路	(null)	(null)
12	12	-2	118.911442621607	32.1159602485649	118.912056139521	32.1152052227802	0.0007550257846987	101.794463262252	2420040	北区八号路	校内道路	(null)	(null)
13	13	-2	118.906830870215	32.11004111976	118.907623615759	32.1095147112744	0.0007927455442029	107.162702874265	2420014	(null)	校内道路	(null)	(null)
14	14	-2	118.909660985026	32.1192850097652	118.910286371463	32.1180124601626	0.0012725496026232	162.390812924599	2420031	(null)	校内道路	(null)	(null)
15	15	-2	118.910286371463	32.1180124601626	118.910340585052	32.1172666259709	0.0007550257846987	36.226556906255	2420040	(null)	校内道路	(null)	(null)
16	16		118.910540482278	32.1182588855733	118.910546548993	32.1174987724296	0.0007601131143734	84.3022333702834	2420033	(null)	校内道路	(null)	(null)
17	17	-2	118.910340585052	32.1174987724296	118.910546548993	32.1174987724296	0.0002321464587343	36.2265561994413	2420035	(null)	校内道路	(null)	(null)
18	18	-2	118.909186552007	32.1155498961782	118.909737509293	32.114952431469	0.0005976647091094	118.249923388496	2420003	(null)	校内道路	(null)	(null)
19	19	-2	118.907752295369	32.1018777195942	118.907922666911	32.1015335580423	0.0003441615518653	41.4132807039721	3420047	(null)	校内道路	(null)	(null)
20	20	-2	118.909446191333	32.1024089603104	118.909524611736	32.1021699747126	0.0002389855978393	27.5150780599139	3420054	(null)	校内道路	(null)	(null)

图 3-5　数据库中道路类实体属性数据

3.3　空间数据的概念模型

问题 18　请描述 GIIUC 系统中空间实体的主要特征。

　　如果把世界看作全空的一个空间，那么世界中的物体作为独立的对象分布在这个空间中，它们按照不同的空间特征可以分为不同种类的基本对象。现实生活中常见的河流、楼房、草坪、路灯等都可以看作嵌入世界这个空间的对象。请结合 GIIUC 系统，依据对象模型的定义，观察 GIIUC 系统中的矢量地图，它们当中有哪些空间要素或空间实体，它们的主要特征（点、线、面、体）是什么。

实验目的

（1）了解空间数据概念模型的含义。
（2）掌握对象模型的表达方式。

问题解析

对象模型把地理现象当作空间实体。空间实体需要同时符合三个条件：可被标识；重要（与实际问题相关）；可被描述（有特征）。对象模型把整个空间看作许多对象的集合，例如校园这个地理空间是教学楼、绿地、校园道路、ATM 等对象的集合，而这些对象又有自己的属性，例如教学楼有名称、高度、修建材料等属性，道路有名称、等级、修建材料等属性。

如图 3-6 所示，按照对象的空间特征可以将它们分为点、线、面、体四个基本对象，在建模过程中需要选取对象的主要特征进行表达。出于不同的需要，空间实体可以采用不同的要素类型表达，例如河流可以作为线要素表达，也可以用面要素表达；建筑物可以用体要素或面要素表达，而在电子导航地图中，建筑物也可以以兴趣点的形式表达。

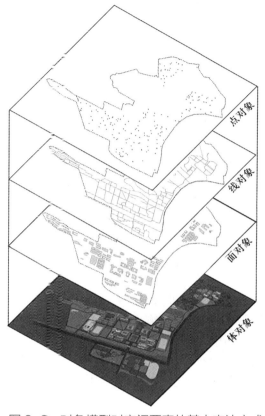

图 3-6 对象模型对空间要素的基本表达方式

实验步骤

在 GIIUC 系统"住在校园"模块界面左侧选项卡栏，选择"分类显示"选项卡，在界面左侧操作窗口中列出多个图层。点击任意图层（如"林地"）的复选框控制对应图层的显示与隐藏。通过分层显示方式来让用户感受校园中空间实体的主要特征。

实验结果

（1）点对象。例如校园中的公交站点、兴趣点、行道树、ATM，它们都具有确定的空间位置。

（2）线对象。例如校园中的道路，它具有长度、拐弯时的弯曲度，以及单向道或双向道的方向性特征。

（3）面对象。例如校园中的水域、运动场所、林地、草地，它们具有一定的面积、周长、独立性特征。

问题 19　请尝试使用几种具体的场数据模型描述校园小山坡区域。

在生活中，除了众多单个的地理对象，还有一些具有在空间内连续分布特点的地理现象，例如地表的温度、土壤的湿度、地形高程、空气中污染物的集中程度等。这些生活中常见的地理现象在 GIS 中是如何表达的？请结合 GIIUC 系统，选择其中一小块区域，尝试使用几种具体的场模型去描述它。

实验目的

（1）理解场对象的概念。
（2）能够运用场对象的知识描述地理空间现象。

问题解析

寻求实验问题的答案，需要了解场模型的表达方法。对具有一定空间内连续分布特点的现象，可以利用场的观点来模拟。连续分布的空间现象应该如何来观察和表示呢？在实际运用中，往往需要在有限的空间中获取足够高精度的样点观测值来表示场的变化。如图 3-7 所示，二维空间场一般采用 6 种具体的场模型来描述，包括规则分布的样点、不规则分布的样点、规则格网、不规则格网、不规则三角形和等值线。

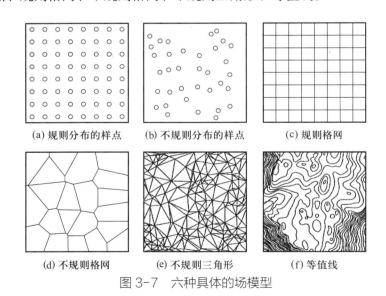

(a) 规则分布的样点　(b) 不规则分布的样点　(c) 规则格网

(d) 不规则格网　(e) 不规则三角形　(f) 等值线

图 3-7　六种具体的场模型

实验步骤

在 GIIUC 系统"住在校园"模块界面左侧选项卡栏，选择"地形"选项卡，在界面左侧操作窗口中，默认勾选了"查看校园 DEM"复选框，在地图窗口中可查看该数据，如图 3-8（a）所示。

(a) 校园DEM

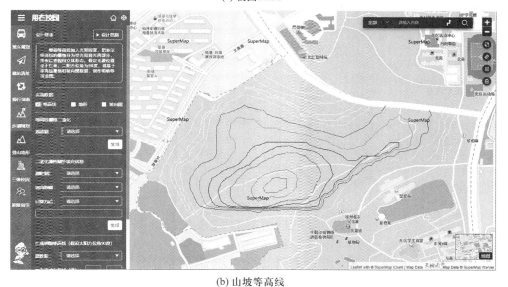

(b) 山坡等高线

图 3-8 校园场数据

43

在 GIIUC 系统"用在校园"模块界面左侧选项卡栏，选择"校园等高线"按钮，在界面左侧操作窗口中，勾选"等高线"复选框，地图窗口将显示校园山坡处的等高线图，如图 3-8（b）所示。

实验结果

在 GIIUC 系统中查看校园小山坡区域，使用不规则分布的样点、规则格网，以及等值线三种场模型来描述该区域的地形变化情况。

（1）不规则分布的样点。若在校园小山坡区域内设置若干不规则分布的高程测量点，则可利用测量得到的高程点数据通过空间内插的方法得到连续分布的地形数据。

（2）规则格网。如图 3-9（a）所示，数字高程模型（digital elevation model，DEM）就是描述地形现象的规则格网类场模型，在图中可以看到如同马赛克的众多规则分布的正方形格网，其中每一个小格网对应一个高程属性值，并且忽略了格网内的高程变化。

(a) 地形规则格网模型

(b) 地形等值线模型

图 3-9　地形场模型表达

（3）等值线。等高线是由一组高程相等的点连接形成的闭合曲线，它将平面划分为若干个区域。图 3-9（b）是校园小山坡区域的地形等高线图，图中每条等高线对应一个高程属性值。相邻两条等高线相差 5 m。中间区域任意位置的高程是这两条等高线的连续插值。

问题 20 请在一张白纸上绘制一个区域的道路交通网络图。

现实世界中的公路、铁路、通信线路、管道，以及自然界中的物质流、能量流和信息流等地理现象都可以表示成点之间的连线。在 GIS 中表达这些现象需要考虑它们之间的连通情况。或许有读者听说过地理网络一词，请问地理网络在 GIS 中具体是如何表达的呢？在 GIIUC 系统中选取一个至少 500 m × 500 m 的区域，在一张白纸上绘制该区域的道路交通网络图。

实验目的

了解网络模型的含义及应用范围。

问题解析

本实验问题主要考察对网络模型概念的理解。网络模型是由点对象和线对象之间的拓扑关系构成的，它的典型例子就是研究交通（海、陆、空）、管道，以及电力传输等。

以一个道路网络为例，它的几何要素包括结点和链路，它的网络属性包括链路抗阻、转弯抗阻、单行道、天桥和桥下道路。

（1）链路抗阻。它指穿越链路的耗费。最简单的衡量耗费的方法是测量链路的长度。

（2）转弯抗阻。它指完成转弯所需的时间。例如一些道路仅允许右转，则向左的转弯抗阻就为负（限制转弯）。

（3）单行道。在道路网络的属性表中可以设置指定的字段来表示单行道或禁行道，例如 T 代表道路是单行道，F 代表道路是非单行道，N 代表道路是禁行道。

（4）天桥和桥下道路。如图 3-10 所示，在道路网络中通常采用两种方式来表示天桥和桥下道路。

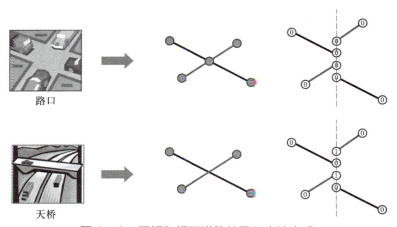

图 3-10 天桥和桥下道路的两种表达方式

① 链路与结点的连通策略：天桥和桥下道路在它们的交叉处都表示成无结点的连续路径；

② 高程方法：把天桥和桥下道路视为平面要素，为了区分二者，代表天桥的两个弧段相交于一个结点（高程设置为 1），代表天桥下道路的两个弧段相交于一个结点（高程设置为 0）。

基于道路网络模型，可以进行：① 最短路径选择，例如帮助司机设计通行线路；② 最近设施查询，例如寻找指定地点附近的医院、消防站；③ 资源分配，例如学校和地震避难所的分布优化等问题。

实验步骤

在校园中选取约 500 m × 500 m 的区域，如图 3-11 所示，选定区域的右下角为三江路过街天桥。

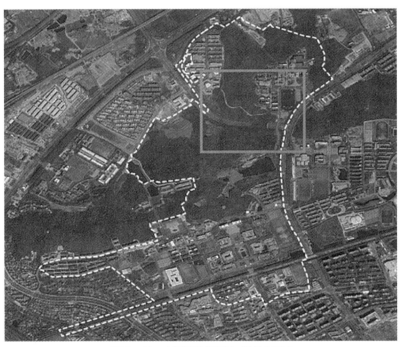

图 3-11　校园影像图与选取区域

如图 3-12 所示，使用"———"表示道路，使用"●"表示道路交汇点，使用问题解析中说明的链路与结点的连通策略方法绘制该区域的道路交通网络图，天桥部分采用无交汇点的形式表示。

如图 3-13 所示，使用"———"表示道路，使用"◎"表示地面道路交汇点，使用问题解析中说明的高程方法绘制该区域的道路交通网络图，天桥部分采用结点属性表的形式表示。

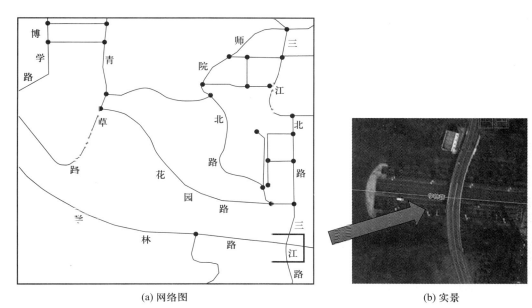

(a) 网络图　　　　　　　　　　　(b) 实景

图 3-12　链路与结点的连通策略绘制校园交通网络图

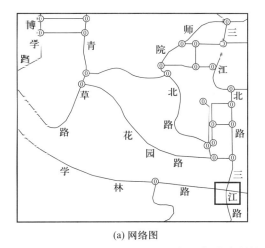

(a) 网络图

弧名	起点高程	终点高程
学林路	0	0
学林路	0	0
三江路	0	1
三江路	1	0

(b) 属性表

图 3-13　高程方法绘制校园交通网络图

问题 21　请尝试利用时空模型知识定量描述自己一天的活动轨迹。

在我们生活的地理空间中，许多地理实体或现象并不是静止不变的。它们的特征或者相互关系会随时间而发生变化，例如地铁站一天中的刷卡数据，五年里某地土地利用状况的变化情况等。这些地理对象在一定的时间尺度上都发生了改变，那它们在 GIS 中采用什么样的方式表达呢？时空模型和其他模型相比又有什么特别之处？请在 GIIUC 系统中标绘自己一天在校园中的活动轨迹，并尝试利用时空模型的知识定量描述这一时空现象。

实验目的

理解时空模型的含义，并能够运用时空模型描述时空现象。

问题解析

本实验问题提及的时空模型，主要用于表达地理现象或实体的特征或相互关系随时间变化的动态过程和静态结果。空间、属性和时间是时空数据模型的三个要素。以学生在校园中的出行情况为例，基于时空数据模型的三个要素，可以将它分为三种形式的变化情况。第一，随时间变化，属性不变，空间位置发生改变，例如一名学生一天的行为轨迹；第二，随时间变化，空间位置不变，属性发生改变，例如学校食堂刷卡机的消费数据；第三，随时间变化，空间位置和属性均发生改变，例如校园载客校车随时间变化，其空间位置和载客人数均发生改变。

时空数据模型常用的表达形式有三种，即序列快照、时空棱柱和时空立方体。

实验步骤

在 GIIUC 系统"住在校园"模块界面左侧选项卡栏，选择"绘制"选项卡，在界面左侧操作窗口中，选择绘制标注按钮（⊚），即可在地图窗口绘制出自己一天中停留的各个活动地点。

在界面左侧操作窗口中选择绘制线按钮（◢），依据自己在各地点停留时间的先后顺序连接各标绘点，双击左键结束绘制，形成活动轨迹。

可在左侧操作窗口的"图层列表"中，找到绘制完成的活动地轨迹图层，点击该图层的编辑按钮（◢），在地图窗口上方将出现风格编辑浮动框，可用于修改活动轨迹的显示颜色、宽度、不透明度等风格信息。

以一名住在西苑 12 栋宿舍的学生周末在校园里一天的活动为例，该学生早晨 7 点离开宿舍，9 点到 11 点在东区球场参加校园羽毛球比赛，12 点到下午 13 点在北区学生食堂与好友会合并吃午饭，下午 14 点到 16 点在图书馆借书并阅读，下午 17 点到 18 点回到西区食堂吃晚饭，晚上 20 点回到宿舍休息。如图 3-14 所示，在 GIIUC 系统校园地图中绘制并编辑活动轨迹地图。

实验结果

基于该学生一天的活动轨迹可知，其白天比赛、吃饭、看书和晚上休息的时候，地点是相对固定的，具有一定的稳定性。本实验将使用离散型的时空棱柱模型来表达该学生一天的活动轨迹，例如图 3-15 提取了这名学生的时空活动信息，这些信息包括其居住地、活动区域，以及在各场所花费的时间。平面为校园地理空间，居住地和其他驻点表示校园

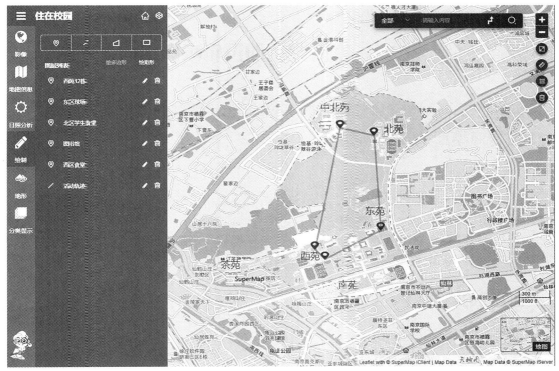

图 3-14　绘制活动轨迹地图

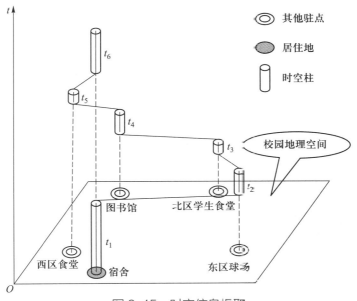

图 3-15　时空信息提取

各区域，Z 轴为时间轴，时空柱的长度表示在该场所花费的时间（$t_1 = 8\,\text{h}$，$t_2 = 2\,\text{h}$，$t_3 = 1\,\text{h}$，$t_4 = 2\,\text{h}$，$t_5 = 1\,\text{h}$，$t_6 = 4\,\text{h}$）。

3.4　空间数据的逻辑模型

问题 22　从校园基础设施管理的角度，尝试对数据进行逻辑和物理模型的设计与建模。

在校园中我们会经常见到道路、行道树、路灯等地物，你是否想过如何把它们简化和抽象到 GIIUC 系统中进行显示？如果想将它们导入计算机系统，首先就要将这些地物信息转换成逻辑模型和物理模型，那么什么是逻辑模型和物理模型呢？并且在转换成模型的过程中，根据实际需要又有哪些约束性条件呢？

实验目的

（1）了解空间数据逻辑模型的概念。
（2）掌握空间数据逻辑建模方法。

问题解析

上文提及的问题，其本质在于对空间数据模型的逻辑模型和物理模型的理解。

逻辑模型可以从实体属性、实体关系、实体行为三个方面建模。物理模型是在逻辑模型的基础上，考虑各种具体的技术实现因素，进行数据库体系结构设计，真正实现数据在数据库中的存放。对于空间数据的物理模型，除了确定所有的表和列，还必须考虑空间数据存储结构，以及空间关系的表达和存储方式。

实验步骤

1. 逻辑模型的设计与建模

基于对逻辑模型建模知识的学习，从校园基础设施管理的实际应用角度考虑，分别对校园实体从实体属性、实体关系及实体约束条件三个方面进行设计。其中，实体属性逻辑建模的主要目的是基础信息统计、维修或养护方面的应用；实体关系主要考虑它们与养护人员、管理人员的一般关系，包括一对一、一对多、多对多。

（1）针对道路数据。若从基础信息统计的需求出发，主要关注道路编码、名称、长度、宽度、路面材质、所在区域等属性；若从养护的需求出发，主要关注养护时间、养护内容等属性。养护人员与道路之间为多对多的关系，管理人员与道路之间为一对多的关系。道路属性的约束性条件，主要为路面材质的有效值列表，道路宽度的数值范围。

（2）针对行道树。若从基础信息统计的需求出发，则主要关注行道树的编码、树种类型、种植年代、所在道路名称的属性；若从养护的需求出发，则主要关注养护时间、养护内容的属性。养护人员与行道树之间为多对多的关系，管理人员与行道树之间为一对多的关系。行道树属性的约束性条件，主要为树木种类属性的有效值列表。

（3）针对路灯。若从基础信息统计的需求出发，则主要关注路灯的编码、灯管种类、灯杆材质、所在道路名称等属性；若从维修的需求出发，则主要关注路灯是否损坏、维修时间等属性。路灯与维修人员之间为多对多的关系，管理人员与路灯之间为一对多的关系。路灯属性的约束性条件，主要为路灯材质属性的有效值列表。

（4）针对路侧绿地。若从基础信息统计的需求出发，则主要关注绿地的编码、面积、所在道路名称的属性；若从养护的需求出发，则主要关注养护时间、养护内容等属性。绿地与养护人员之间为多对多的关系，管理人员与绿地之间为一对多的关系。绿地属性的约束性条件，主要为养护内容的有效值列表，如浇水、施肥、除草等。

在实现了实体属性、实体关系的逻辑建模以后，可将每个实体映射成一个单独的关系。实体的属性映射关系的属性，实体转换为表结构，实体间的关系转换为关系表，以路灯为例，分别获得路灯表结构（表3-9）、上报记录表结构（表3-10），以及维修作业表结构（表3-11）。

表3-9　路灯表结构

字段名	字段类型	字段长度	小数位	取值限制	备注
路灯编码	字符型	20		路灯的唯一标识符	主键
灯杆材质	字符型	20		{"热镀锌铁质路灯""热镀锌钢质路灯""不锈钢路灯"}	
灯管种类	字符型	20		{"高压钠灯""普通白炽灯""节能灯""LED 灯"}	
道路名称	字符型	20			
是否损坏	逻辑型				

表3-10　上报记录表结构

字段名	字段类型	字段长度	小数位	取值限制	备注
记录编码	字符型	20		上报记录的唯一标识符	主键
上报人员	字符型	20			上报人员姓名
路灯编码	字符型	20		路灯的唯一标识符	
上报日期	日期类型				上报日期
维修与否	逻辑型				是否派人维修

表3-11　维修作业表结构

字段名	字段类型	字段长度	小数位	取值限制	备注
作业编码	字符型	20		维修作业的唯一标识符	主键

续表

字段名	字段类型	字段长度	小数位	取值限制	备注
路灯编码	字符型	20		路灯的唯一标识符	
维修人员	字符型	20			维修人员姓名
日期	日期类型				维修日期
损坏修复	逻辑型				是否修复

在所有实体到关系表的映射都明确后，进入关系模型图的构建环节，即从表格转换成关系模型图的过程，包括普通用户上报路灯损坏情况，维修人员维修路灯，后勤管理人员复检路灯维修情况，并修改路灯的维修状态。关系模型图如图 3-16 所示。

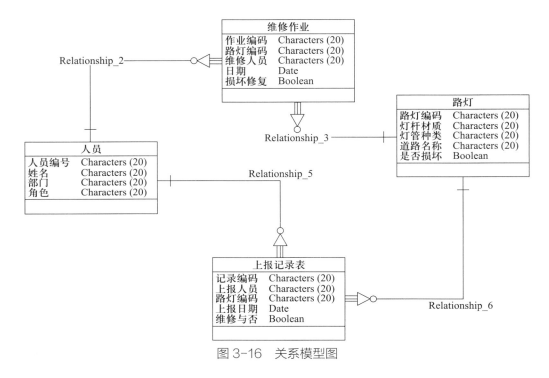

图 3-16　关系模型图

2. 物理模型的设计与建模

以 Oracle 数据库存储校园中的路灯数据为例，在 Oracle 数据库中，需要创建一个具有 Connect 和 Resource 权限的用户，并指定一个表空间用于存储路灯的空间数据。路灯以矢量数据结构的方式存储在空间数据库中。基于关系模型图可设计路灯的表结构，如表 3-12 所示。

表 3-12　路灯表结构设计

字段名称	字段名称（英文简写）	字段类型	字段长度
路灯编码	StlightID	文本型	20
灯杆材质	StlightPoleMateri	文本型	20

续表

字段名称	字段名称（英文简写）	字段类型	字段长度
灯管种类	StlightBulbsType	文本型	20
道路名称	StlightRoad	日期类型	
是否损不	StlightRegi	逻辑型	

3.5　空间数据与空间关系

问题 23　GIIUC 系统中有哪几类空间数据？

当我们通过网站下载、实测、纸图矢量化等各种手段采集或收集空间数据时，常常会拿到各种不同类型的数据，例如：卫星遥感、航空遥感或摄影测量的数据，统计年鉴的数据，实测获得的数据等。它们的来源和数据类型都是多种多样的，那么在地理信息系统中，是如何对空间数据进行分类的？读者所使用的 GIIUC 系统的校园数据，又包含了哪些类型的数据？

实验目的

（1）了解空间数据类型包含的内容。
（2）能够结合 GIS 应用需求，收集所需的空间数据。

问题解析

回答本实验问题首先需要了解空间数据类型的分类。地理信息中的数据来源和数据类型很多，根据地理空间数据的来源，概括起来主要有四种：几何图形数据、属性数据、像素数据和元数据。

实验步骤

在 GIIJC 系统"住在校园"模块界面右下方，将鼠标放到地图浮动框上，分别点击"地形""影像"和"地图"进行切换查看。

在 GIIUC 系统"住在校园"模块界面右上方的查询工具栏中，点击"全部"下拉菜单，选择查询区域（如"教学区"），在文本框中输入要查询的建筑名称（如"学正楼"），点击"查询"按钮（🔍），即可看到学正楼在地图中高亮并居中显示，同时在左侧的浮动框中，可看到查询结果。选择查询结果的"详情"按钮，将找到对应的详细信息。

实验结果

GIIUC 系统包含三类地图，分别为矢量地图、影像地图、地形地图。不同的地图组织了不同类型的空间数据进行展示。

在矢量地图中，可以看到它主要展示的是几何图形数据，例如建筑、水域、绿地等面状对象，以及基于属性数据制作的文本标注，例如教学楼名称、道路名称等。

影像地图，主要以卫星影像为底图，叠加了几何图形数据，如道路，以及基于属性制作的文本标注，如教学楼、道路、公园等地物的名称。

地形地图，主要以地形数据为主，基于地形数据的栅格值，通过不同的颜色表达，反映了校园及其周边地区的高程信息。

问题 24　请指出 GIIUC 系统空间实体的几何图形的表示方法。

在地图中通常可以看到现实世界中的各类地物，被抽象成了不同类型的点、线、面、体对象，配合一定的风格渲染来模拟表达。例如，公交站、地铁站被抽象成了点状对象，道路被抽象成了线状对象，草坪被抽象成了面状对象，建筑物被抽象成了体状对象。这些点、线、面、体对象属于常见的几何图形数据，它们是空间数据的常用表示方法之一。那么在 GIIUC 系统的矢量地图数据中，采用了哪些几何图形的表示方法？请举例说明。

实验目的

掌握几何图形数据的表示方法。

问题解析

本实验问题主要考察对几何图形数据的表示方法的掌握程度。不同类型的数据可以抽象表示为点、线、面、体等基本的图形要素，如图 3-17 所示。

实验步骤

可以通过 GIIUC 系统"住在校园"模块界面右上方的查询工具栏，分别选择几类实体，举例说明其几何图形的表示方法。

在查询工具栏，点击"全部"下拉菜单，选择查询类型为"教学区"，在查询文本框中，输入查询对象为"学明楼"，点击"查询"按钮（🔍），即可看到学明楼在地图中高亮并居中显示，可观察到该教学楼属于面状要素，通过面的几何图形来抽象表达，如图 3-18（a）所示。

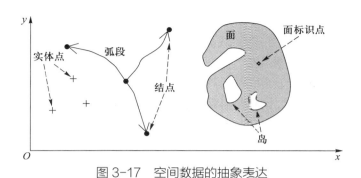

图 3-17 空间数据的抽象表达

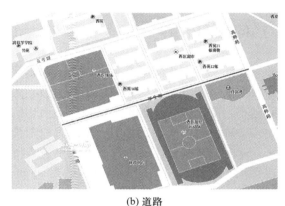

(a) 建筑物   (b) 道路

图 3-18 校园实体

在查询工具栏，点击"全部"下拉菜单，选择查询类型为"道路"，在文本框中输入查询的道路名称为"厚生路"，点击"查询"按钮（ 🔍 ），即可看到厚生路在地图中高亮并居中显示，可观察到该道路属于线状要素，通过线的几何图形来抽象表达，如图 3-18（b）所示。

实验结果

通过以上操作与观察，可知 GIIUC 系统的矢量地图将具有明确边界范围且占地较大的面状地物，例如建筑、水域、绿地、广场、运动场、图书馆等，根据地物的边界抽象为面对象并配上不同颜色来表达；将线状地物例如道路，抽象为线对象并配上不同线宽的线符号来表达；将校园内一些兴趣点（它们是一些面积较小的实体，占建筑内一部分空间，例如超市、水果店、活动中心等）抽象并概括为点对象，配合直观形象的点符号来表达。

问题 25　请说出 GIIUC 系统影像的像元大小、空间分辨率和比例尺。

当我们下载影像数据时，通常会看到影像数据说明中会附上该影像的分辨率，对于免费下载的影像数据来说，常见的影像分辨率有 30 m、60 m、90 m 等。那么读者是否了解影像数据的分辨率是什么？它与影像数据有什么关系？当我们打开影像数据时，会发现不同分辨率的影像数据在小比例尺时，看起来差不多；但随着地图被放大，有些影像数据会比较清晰，但有些影像就会显得相对模糊，放大到一定比例尺，就会看到一个个正方形的单元格。这些方格是什么？比例尺与影像数据的清晰度又有什么关系？

实验目的

掌握影像数据特征及表示方法。

问题解析

要回答本实验问题，首先需要了解影像数据的表示方法和基本特征，如像元大小、影像数据的空间分辨率与比例尺。其中像元大小决定了影像数据所表达对象的详细程度，像元越小，则影像表达得越为精细。在小比例尺观察影像数据时，一般大部分影像看起来都比较清晰，因为看不到细节，但随着地图被放大，比例尺变大，细节信息就会逐步展现出来，这时分辨率较高的影像数据就更为清晰。如图 3-19 所示，两张影像都是在 1∶2 万的比例尺下显示，左侧的影像分辨率是 15 m，右侧的影像分辨率是 0.15 m，显然是从右侧的图看到的地物更加地清晰。

(a) 分辨率为15 m　　　　　　　　　　　　(b) 分辨率为0.15 m

图 3-19　相同比例尺下不同像元大小的影像对比

实验步骤

在 GIIUC 系统"住在校园"模块界面右下方，将鼠标放到地图模块上，点击切换为影像图。通过点击右上角的放大 / 缩小按钮或滑动鼠标滚轮，可以实现地图缩放，以浏览不同比例尺下的影像图。

在 GIIUC 系统的地图中，可看到地图模块下方标识的直线比例尺，它以线段的形式标明了图上线段长度所对应的地面距离，其比例尺基本长度单位为 2 cm，根据直线比例尺上标识的地面距离，可计算当前的地图比例尺。例如，如图 3-20（a）所示，当前地图

(a) 1 : 2 500比例尺

(b) 1 : 25 000比例尺

图 3-20　影像图

所对应的地面距离为 50 m，计算可知当前的地图比例尺为 1∶2 500。

观察 GIIUC 系统的影像图可知，当影像图缩小到小比例尺时，用户就无法看到影像细节信息，只能看到一些占地面积较大的地物轮廓，例如：公路、林地等，如图 3-20（b）所示。

随着地图放大，当直线比例尺显示为 1 m 时，用户就可以看到像元，点击右上角的测量工具（✐），在地图窗口中量算像元大小，可知像元大小为 0.25 m，如图 3-21 所示。

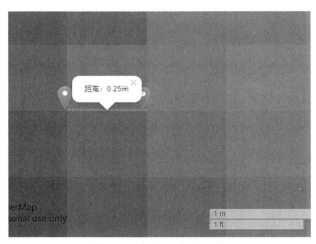

图 3-21　像元大小量算

实验结果

通过以上操作可知，在小比例尺下，影像无法显示细节信息，在大比例尺下，不同分辨率的影像，才能展示不同的细节信息。在 GIIUC 系统影像图中，底图采取了天地图，并叠加了校园影像数据生成的缓存瓦片，不同比例尺调用不同分辨率的影像瓦片。其中天地图的影像分辨率最高为 0.6 m，即地面上每 0.6 m × 0.6 m 大小的地物在影像中占 1 个像素；而校园影像的像元大小约为 0.25 m × 0.25 m，即校园影像的空间分辨率为 0.25 m。

问题 26　请整理出 GIIUC 系统校园某一区域空间数据的拓扑关系表。

在日常生活中，我们在表达一个地物的地理位置时，常常会这样描述"位于 XX 商圈中心"，"在 XX 楼的东侧"或"距离 XX 地铁站大约 XX 米"，等等，这些都是基于地物的空间关系特征来反映地物的地理位置。那么地物的空间关系都有哪些？在我们日常学习生活的校园中，建筑物、道路等地物的空间关系又是怎样的？请以 GIIUC 系统校园地图中的厚生路、高师路、笃学路，以及西草坪为例，尝试构建它们之间的拓扑关系表以反映其空间关系特征。

实验目的

（1）了解地理空间实体之间的空间关系的类型。
（2）掌握拓扑空间关系的内涵和意义。

问题解析

本实验问题，其本质在于理解拓扑空间关系的内涵和表述方法。

拓扑关系有两种表述方式，第一种是在逻辑上定义结点、弧段和多边形来描述图形要素之间的拓扑关系，此时拓扑关系主要包括：邻接关系、包含关系、关联关系、连通关系。以道路和交叉路口为例，用结点表示交叉路口，弧段表示道路路段，如图 3-22 所示，那么代表某条道路两端路口的结点之间属于邻接关系，代表交叉路口的结点与代表在交叉路口交汇的 N 条道路弧段之间属于关联关系，而在交叉路口交汇的这 N 条道路的弧段之间则属于连通关系。

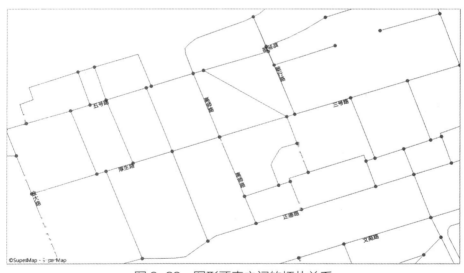

图 3-22　图形要素之间的拓扑关系

第二种是将地物的空间信息抽象概况为点、线、面三种类型的空间实体，分析研究相同或不同类型的空间实体之间的拓扑关系，它们两两之间存在着相离、邻接、重合、包含或覆盖、相交五种可能的关系，如图 3-23 所示。例如，代表某市政府驻地的点与代表其他市政府驻地的点之间属于相离关系，代表高速收费站的点与代表高速公路的线之间属于包含关系，代表通往公园的道路线与代表公园的面之间属于邻接关系。

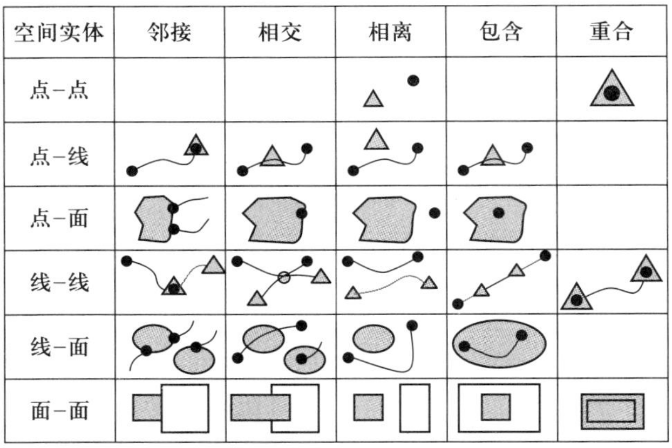

图 3-23　空间实体之间的拓扑关系

实验步骤

本实验选择 GIIUC 系统校园地图中厚生路、高师路、笃学路，以及西草坪所在的区域作为研究对象，整理拓扑关系表。

在 GIIUC 系统"住在校园"模块界面右上方的查询工具栏中，点击"全部"下拉菜单，选择查询类型为"道路"，在文本框中输入查询的道路名称为"厚生路"，点击查询按钮（▣），即可看到厚生路在地图中高亮并居中显示，以此类推，分别查询高师路、笃学路和西草坪（查询类型为"全部"），获得这几条道路的具体位置。

实验结果

在明确了研究区域以后，基于 GIIUC 系统校园地图中该区域的数据，绘制厚生路、高师路、笃学路与西草坪的简图，并为三条道路的弧段、交叉路口的结点，以及草坪多边形编号，例如厚生路弧段为 A_1，高师路有两条弧段 A_2、A_8，笃学路有三条弧段 A_3、A_4 和 A_5，西草坪有两个多边形对象 P_1、P_2，道路交叉口有八个结点，分别编号为 N_1、N_2、$\cdots$，同时采用箭头标识弧段方向，如图 3-24 所示。

结合简图中道路、西草坪的空间关系，将道路弧段、西草坪面，以及结点之间的关系分别整理成面与弧段的拓扑关系表（表 3-13）、弧段与面的拓扑关系表（表 3-14）、弧段与结点的拓扑关系表（表 3-15），以及结点与弧段的拓扑关系表（表 3-16）。其中，弧段的左邻面和右邻面为沿弧段方向左、右两侧的多边形，例如弧段 A_9 的方向为从 N_4 结点连接到 N_8 结点，因此多边形 P_2 为 A_9 的左邻面，P_1 为 A_9 的右邻面。

表 3-13　面与弧段的拓扑关系表

面域	弧段
P_1	A_2、A_3、A_7、A_9
P_2	A_4、A_6、A_9

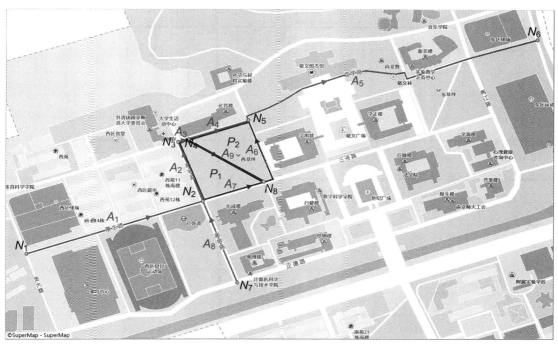

图 3-24 结点、弧段与多边形编号

表 3-14 弧段与面的拓扑关系表

弧段	左邻面	右邻面
A_1	无	无
A_2	无	P_1
A_3	无	P_1
A_4	无	P_2
A_5	无	无
A_6	P_2	无
A_7	P_1	无
A_8	无	无
A_9	P_2	P_1

表 3-15 弧段与结点的拓扑关系表

弧段	始结点	终结点
A_1	N_1	N_2
A_2	N_2	N_3
A_3	N_3	N_4
A_4	N_4	N_5
A_5	N_5	N_6

续表

弧段	始结点	终结点
A_6	N_8	N_5
A_7	N_2	N_8
A_8	N_7	N_2
A_9	N_4	N_8

表 3-16　结点与弧段的拓扑关系表

结点	弧段
N_1	A_1
N_2	A_1、A_2、A_7、A_8
N_3	A_2、A_3
N_4	A_3、A_4、A_9
N_5	A_4、A_5、A_6
N_6	A_5
N_7	A_8
N_8	A_6、A_7、A_9

问题 27　结合问题 26 中的拓扑关系表，判断各实体地物之间的空间关系。

当我们到达一个陌生的城市时，常常需要查询路线或周边设施，比如查询从机场到宾馆的路线，查询从宾馆到旅游景点的路线，或者查找旅游景点周边的饭店等。在 GIS 中，这些都是基于地物的拓扑关系通过 GIS 的分析能力实现的，反映了它们在现实世界中的应用价值。请以 GIIUC 系统校园地图中的厚生路、高师路、笃学路，以及西草坪为例，基于问题 26 构建的拓扑关系表举例说明它们之间的拓扑关系。

实验目的

（1）掌握拓扑空间关系类型。
（2）运用拓扑空间关系知识分析空间实体之间的空间关系。

问题解析

本实验问题是关于拓扑空间关系的实际运用问题。拓扑关系对数据处理和空间分析具有重要的意义。它由于具有在弯曲或拉伸等变换下仍保持不变的性质，不会受到投影变换的影响，因此可以适用于任意坐标系下的空间数据。基于空间数据的拓扑关系，并结合 GIS 的查询和分析能力，可以在实际生活中创造很多应用价值。例如在开车自驾游时，可以基于道路弧段构建具有拓扑关系的网络数据规划自驾游路线，也可以基于道路与加油站的空间关系，查询道路沿途经过的加油站有哪些。

实验步骤

本实验选择 GIIUC 系统校园地图中厚生路、高师路、笃学路，以及西草坪所在的区域作为研究对象，并基于道路网络数据查询月亮湾到敬文图书馆的路线，以探寻道路之间的拓扑关系。

在 GIIUC 系统"住在校园"模块界面右上方的查询工具栏中，点击路径分析按钮（🚶），在弹出的路径分析浮动框中，点击箭头按钮（▶），即可在地图中单击选择起点为月亮湾，终点为敬文图书馆，点击路径分析按钮（🔍），即可看到路径分析结果在地图中高亮并居中显示，路线从月亮湾出发，依次经过厚生路、高师路、笃学路，沿途可看到高师路旁的西草坪，最终到达敬文图书馆，如图 3-25 所示。

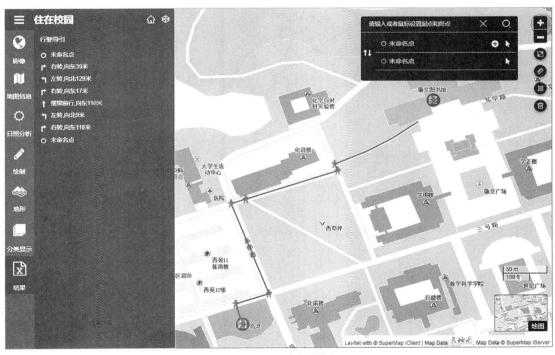

图 3-25　路径分析

实验结果

通过以上操作与观察，结合问题 26 中的拓扑关系表，可知研究区域中的厚生路、高师路、笃学路，以及西草坪之间的拓扑关系。该区域主要包括三种拓扑关系，即邻接关系、关联关系和连通关系，以下分别举例说明。

（1）邻接关系。道路弧段两端的路口结点之间属于邻接关系，如厚生路两端的路口 N_1 和 N_2、高师路两端的路口 N_2 与 N_3；西草坪的两个多边形 P_1 和 P_2 之间也属于邻接关系。

（2）关联关系。道路弧段与路口结点之间属于关联关系，如厚生路 A_1 与路口 N_1、N_2；道路弧段与途经的草坪多边形之间也存在关联关系，如高师路弧段 A_2 与西草坪多边形 P_1。

（3）连通关系。相互通达的道路弧段之间存在连通关系，如厚生路弧段 A_1 与高师路弧段 A_2，以及高师路弧段 A_2 与笃学路弧段 A_4。

三条道路的弧段、交叉路口的结点，以及草坪多边形编号如图 3-26 所示。

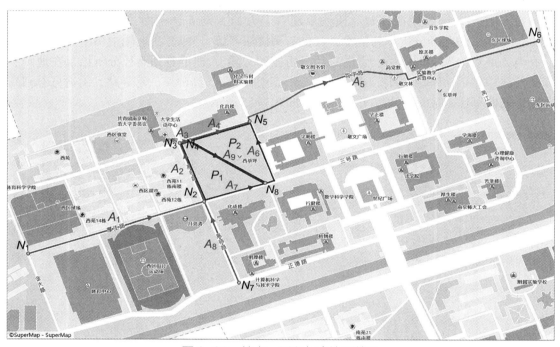

图 3-26　结点、弧段与多边形编号

第4章 空间数据结构

4.1 概　　述

本章主要基于《主教程》第4章"空间数据结构"部分的内容，围绕矢量数据结构、栅格数据结构、矢量数据与栅格数据的融合与转换、多维数据结构等知识点，设计了GIIUC 系统中独立编码结构如何实现、GIIUC 系统中哪些空间数据是栅格数据结构、GIIUC 系统中矢栅数据转换后的差异有哪些等 10 个相关实验问题，知识点与具体实验问题的对应详见表 4-1。通过本实验，读者将在掌握 GIIUC 系统矢量、栅格数据结构的基础上，具备区别两类数据结构特点与优势的能力。

电子教案
第 4 章

表 4-1　空间数据结构实验内容

实验内容		实验设计问题
4.2　矢量数据结构	028	请尝试用实体数据的结构描述校园地理实体。
	029	请尝试用索引式的组织结构描述校园地理实体。
	030	请尝试用双重独立编码的组织结构描述校园地理实体。
	031	请尝试用链状双重独立编码的组织结构描述校园地理实体。
	032	请尝试用网络数据结构描述校园道路数据。
4.3　栅格数据结构	033	校园影像数据由多少行和列组成？
	034	请在白纸上以完全栅格数据结构的方式列出校园影像数据的结构。
	035	GIIUC 系统矢量和影像地图的切片原理及数据组织管理方式是怎样的？
4.4　矢量数据与栅格数据的融合与转换	036	请将校园宿舍数据转换为分辨率是 10 m、50 m、100 m 的栅格数据，并说明它们的异同。
4.5　多维数据结构	037	如何通过 GIIUC 系统分析你的宿舍在某个时间段的采光率？

4.2　矢量数据结构

问题 28　请尝试用实体数据的结构描述校园地理实体。

在 GIS 中，地理世界是以实体为单位进行组织的，每个实体不仅具有空间位置、属性和空间上的联系，还与其他实体间具有逻辑上的联系。若给你一份矢量数据，则你是否了解这些数据中的点、线、面是如何组织的？它们的内部构成又是怎样的？

实验目的

掌握实体数据结构的组织方法。

问题解析

本实验问题主要考察对矢量数据结构中实体数据结构的掌握程度。实体数据结构有两种组织方式。第一种结构采用直接坐标系列编码的方式。这也是目前 GIS 软件常用的矢量数据组织方式，如点目标用一个坐标点（x，y）表示，线目标用一系列有序的坐标点（x_1，y_1）（x_2，y_2）…表示，面目标用一系列有序的且头尾相接的坐标点（x_1，y_1）（x_2，y_2）…（x_1，y_1）表示。第二种结构采用多边形（或者线段）顶点坐标和记录多边形（或者线段）与点的关系的表来共同组织。

实体数据结构的主要优点是编码容易、数字化操作简单和数据编排直观，点、线和多边形都有各自的坐标数据。但是这种编码结构，对于相邻多边形的公共边界来说，是需要数字化或者存储两遍的，因此往往会造成数据冗余和不一致的情况，而且每个多边形自成体系，缺少多边形的邻域信息和图形的拓扑关系。对于岛洞多边形，岛只作为一个单图形，没有建立与外界多边形的联系。

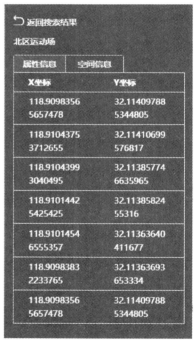

实验步骤

在 GIIUC 系统"住在校园"模块界面右上方的查询工具栏中输入"北区运动场"，点击查询按钮（🔍），即可看到查询目标在地图中高亮并居中显示，同时在左侧的操作窗口中，可看到查询结果，在查询结果列表中，点击"详情"按钮，可看到当前目标的属性信息和空间信息，如图 4-1 所示。

图 4-1　查询北区运动场

实验结果

通过上述对北区运动场的查询结果可知（表 4-2），空间信息中包含了组成该面状实体的边界结点的坐标（x，y）。从数值来看，它们是一系列有序的坐标点，并且第一个坐标点与最后一个坐标点的坐标（x，y）一致，所以面状地理实体的对象一般都用封闭的多边形表示。

表 4-2　北区运动场的数据结构

地理实体	坐标 (z, y)
北区运动场（面）	（118.90983565667891，32.11409788534293），…，（118.910051，32.113911），（118.910394，32.115049），…，（118.90983565667891，32.11409788534293）

　　线状地理实体的结构则是由一系列有序的坐标点组成，我们可以在 GIIUC 系统中通过查询道路对象，查看它们的空间信息。而对于点状地理实体，可以通过查询 GIIUC 系统中的点对象，从空间信息可以得知点状实体的数据结构只由一个坐标点组成。

问题 29　请尝试用索引式的组织结构描述校园地理实体。

　　通过前面的实验我们了解到实体数据结构可以描述空间目标的位置信息和属性信息，但是地理实体间的空间关系无法描述。那么是否有相应的矢量数据结构能够明确地表示地理实体间的空间关系呢？又有哪些方法能去组织描述这种实体的空间关系呢？请读者在 GIIUC 系统的矢量地图数据中，选择一小块区域，尝试用索引式结构描述地理实体的空间关系。

实验目的

　　（1）了解拓扑数据结构的分类。
　　（2）掌握拓扑数据结构中索引式数据结构的组织方式。

问题解析

　　回答本实验问题需要先了解索引式结构的组织方式。
　　索引式结构主要采用树状索引以减少数据冗余并间接增加邻域信息。这种结构是将点、线、面看成三个层次，面由线构成，线由点构成，从而形成树状索引。对于只存储点的坐标（x, y），一条线对应 n 个点的 ID 集，一个多边形对应 n 条线的 ID 集。索引式结构最终形成三个文件，包括点文件（点 ID、点坐标）、线文件（边 ID、组成该边的点 ID 集合）和多边形文件（多边形 ID、组成该多边形的边 ID 集合）。
　　索引式结构解决了相邻多边形边界的数据冗余和不一致问题。同时在简化过于复杂的边界线或合并多边形时，不必改造索引表、邻域信息和岛状信息。但是运用该方法时，两个编码表都要以人工方式建立，工作量大且容易出错。

实验步骤

　　以北区运动场为例，用索引式结构描述地理实体的空间关系。

在 GIIUC 系统"住在校园"模块界面右上方的查询工具栏中输入"北区运动场",点击查询按钮（🔍），即可看到查询目标在地图中高亮并居中显示,同时在左侧的操作窗口中,可看到查询结果,包括空间坐标信息。

实验结果

根据查询得到的空间信息,可描述索引式结构。首先,对北区运动场的边界结点进行编号,以左上角的边界点作为起始结点,按照顺时针方向,最后再回到起始结点,如图 4-2（a）所示。然后,依据点连成线、线构成面的拓扑关系原理,将组成多边形的边界线编号,如图 4-2（b）所示。

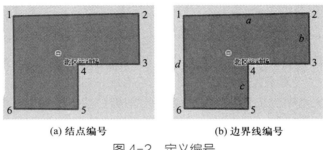

　　(a) 结点编号　　　　　　　　(b) 边界线编号

图 4-2　定义编号

结合边界线编号、结点编号,我们可以对北区运动场进行索引式结构的描述,进一步绘制树状索引图。

北区运动场是一个封闭的多边形,将它的边界以数字化的形式表示,包括 a、b、c、d 四条边界线,那么多边形与边界线之间的索引式结构表示为图 4-3；每一条边界线又由两个或两个以上的结点组成,例如组成边界线 a 的有结点 1、2,组成边界线 c 的有节点 4、5、6,那么线与结点之间的树状索引式结构如图 4-4 所示。

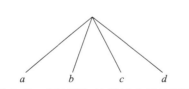

图 4-3　多边形与边界线之间的索引

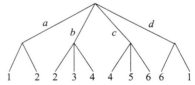

图 4-4　边界线与结点的树状索引

由此可知,从空间信息可以获得每个结点的坐标（表 4-3）,通过边界线与结点的索引式结构可以获得多边形的线文件（表 4-4）,再由多边形与线之间的索引式结构可以得到多边形文件（表 4-5）。

表 4-3　北区运动场的结点文件

结点编号	坐标 (x, y)
1	(x_1, y_1)

续表

结点编号	坐标（x，y）
…	…
6	（x_6，y_6）

表 4-4　北区运动场的线文件

边界线编号	组成的结点
a	1，2
b	2，3，4
c	4，5，6
d	6，1

表 4-5　北区运动场的多边形文件

多边形	组成的边界线
北区运动场	a，b，c，d

问题 30　请尝试用双重独立编码的组织结构描述校园地理实体。

矢量结构通过记录坐标的方式尽可能精确表示点、线、多边形等地理实体。而对同样的一组数据，如果按不同的数据结构去处理，那么得到的可能是截然不同的内容。在上一个问题中，读者实验了如何用索引式结构对矢量数据进行组织描述。拓扑数据结构的另外一种双重独立编码结构，又是怎样的编码结构呢？你是否尝试过使用这种编码结构组织校园矢量数据呢？

实验目的

（1）了解拓扑数据结构的分类。
（2）掌握拓扑数据结构中双重独立编码结构的组织方式。

问题解析

回答本实验问题需要了解双重独立编码结构的组织方式。

双重独立编码结构是通过有向编码来建立多边形、边界、结点之间的拓扑关系。它是对网状或面状要素的任何一条线段，用其两端的结点及相邻多边形予以定义，组成一个弧段文件。其结构是：线号＋左多边形＋右多边形＋起点＋终点。利用这种拓扑关系可以来组织数据，可以有效地检查数据存储的正确性（如多边形是否封闭），同时便于更新和检索数据。同样利用该结构可以自动形成多边形，并可以检查线文件数据的正确性。

实验步骤

在 GIIUC 系统"住在校园"模块界面右上方的查询工具栏中输入"明理楼"，点击查询按钮（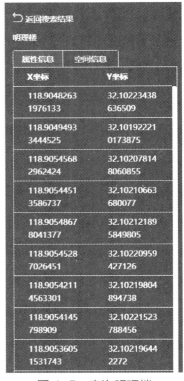），即可看到查询目标在地图中高亮并居中显示，同时在左侧的操作窗口中，可看到查询结果。在查询结果列表中，点击"详情"按钮，可看到当前查询目标的属性信息和空间信息，如图 4-5 所示。

实验结果

本实验将尝试用双重独立编码结构对代表明理楼的多边形进行组织描述。首先，对 GIIUC 系统中的建筑物明理楼，可以将它的形状设定为一个封闭的多边形内含"岛洞"，我们假定整个建筑物的外圈为多边形 A，建筑物明理楼为多边形 B，内含的岛洞设定为多边形 C。对多边形

图 4-5　查询明理楼

B 和多边形 C 进行结点编号。以左上角为起始点，按照顺时针方向，最后回到起始点，作为它的终止结点。再依据点连成线、线构成面的拓扑关系原理，对组成多边形的边界线段进行编号，同样按照顺时针方向，最终结果如图 4-6 所示。

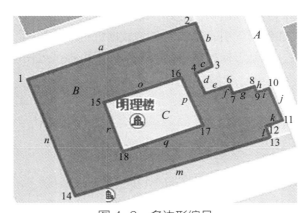

图 4-6　多边形编号

根据上述设定的多边形、结点编号、边界线段编号，对明理楼进行双重独立编码结构的组织描述，生成以线段为中心的这样一个拓扑关系结构文件。

基于双重独立编码结构原理，对面状要素的任何一条线段都采用顺序的方式进行两点定义，以及相邻多边形来定义。例如对线段 m，按照顺时针方向结点组成线，那么它的起

点应为结点 13，终点为结点 14，左右侧邻域多边形按照线段的方向，从起点到终点来进行判定，因此线段 m 的左侧邻域多边形为 A，右侧邻域多边形为 B。以此类推，得出明理楼的双重独立编码线文件结构，如表 4-6 所示。

表 4-6　明理楼的双重独立编码线文件结构

线号	起点	终点	左多边形	右多边形
a	1	2	A	B
b	2	3	A	B
c	3	4	A	B
d	4	5	A	B
e	5	6	A	B
f	6	7	A	B
g	7	8	A	B
h	8	9	A	B
i	9	10	A	B
j	10	11	A	B
k	11	12	A	B
l	12	13	A	B
m	13	14	A	B
n	14	1	A	B
o	15	16	B	C
p	16	17	B	C
q	17	18	B	C
r	18	15	B	C

若按照这样的结构绘制图形，则可以判断原始多边形数据的正确性。只有起点与终点一致才能自动形成封闭的图形，线段的左侧和右侧也可以自动形成封闭多边形，建立单独的区域。例如　某栋建筑是由两栋教学楼相邻组成，以一条线段为公共边，可以按照独立编码的方式对其进行结构描述，在它左侧、右侧自动生成两个单独的教学楼区域。

问题 31　请尝试用链状双重独立编码的组织结构描述校园地理实体。

当地理实体包含岛信息的时候，怎样的编码结构可以很好地描述其结构呢？在对一条街道进行数字化的过程中，往往这条街道包含很多中间结点，但是我们在做空间分析的时候，没有必要以这些中间结点组成的线段为研究对象，而应该将这条街道整体作为研究对象，这时双重独立编码结构还适用于这样的情况吗？

拓扑数据结构除了前面学习的两种编码结构外，链状双重独立编码也是 GIS 的一种经典的拓扑数据结构。你能否在 GIIUC 系统的矢量数据中，选择一块区域，用链状双重独立编码结构进行组织描述？

实验目的

（1）了解拓扑数据结构的分类。
（2）掌握拓扑数据结构中链状双重独立编码结构的组织方式。

问题解析

回答本实验问题需要了解链状双重独立编码结构的组织方式。链状的结构是在双重独立结构上的一种改进。该数据结构将多条线段看成一条弧段（或链段），每个弧段可以有许多中间结点，而弧段代替了双重独立编码中的线段，使链状双重独立编码能够存储多结点的线段。

在链状双重独立数据结构中，主要有四个文件：多边形文件、弧段文件、弧段点文件、点坐标文件。多边形文件主要由多边形记录组成，包括多边形编号、组成多边形的弧段编号、周长、面积、中心点坐标及有关岛洞的信息等；弧段文件主要由弧记录组成，存储弧段的起止结点编号和弧段左右多边形编号；结点文件由结点记录组成，存储每个结点的结点编号、结点坐标及与该结点连接的弧段。

实验步骤

在 GIIUC 系统"住在校园"模块界面右上方的查询工具栏中输入"明理楼"，点击查询按钮（ ◙ ），即可看到查询目标在地图中高亮并居中显示，同时在左侧的操作窗口中，可看到查询结果。

实验结果

根据查询结果，尝试用链状双重独立编码结构对其进行组织描述。首先，我们设定整个明理楼建筑物的外部多边形为 P，明理楼建筑为多边形 A，内含的岛洞设定为多边形 B。对多边形 A 和多边形 B 进行结点编号。以左下角为起始点，按照顺时针方向进行编号，最后再回到起始点作为它的终止结点。再根据在链状独立编码结构中可以将若干线段合为一个弧段的原理，按照顺时针方向将多边形 A 和 B 的边界进行弧段编号，如图 4-7 所示。

根据上述设定的多边形、结点编号、弧段编号，我们对明理楼进行链状双重独立编码结构描述，并生成多边形文件、弧段文件、弧段点文件、结点坐标文件。

若多边形内含有岛洞，则此时"洞"的面积为负，需要在总面积中减去，其组成的

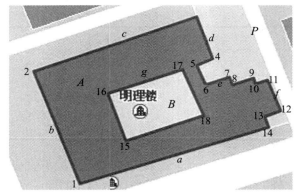

图4-7 设定多边形

弧段编号前也需要冠上负号，如表4-7所示。与DIME（双重独立编码）结构不同的是，链状双重独立编码结构可以将若干线段合为一个弧段，每个弧段可以有许多中间结点。例如弧段 a，是由三条线段合成的，根据图上的数据走向，从结点1开始到结点12合成弧段 a，左右侧多边形也是按照弧段 a 的方向进行的判定。由此得到目标的链状独立编码结构文件，如表4-8、表4-9、表4-10所示。

表4-7 多边形文件（P 为外部多边形）

多边形编号	弧段编号	属性（如周长、面积等）
A	a, b, c, d, e, f, −g	…
B	g	…

表4-8 弧段文件（P 为外部多边形）

弧段编号	起始结点	终止结点	左多边形	右多边形
a	1	12	A	P
b	12	7	A	P
c	7	4	A	P
d	4	3	A	P
e	3	2	A	P
f	2	1	A	P
g	15	15	B	A

表4-9 弧段点文件

弧段编号	结点编号	弧段编号	结点编号
a	1, 14, 13, 12	e	3, 2
b	12, 11, 10, 9, 8, 7	f	2, 1
c	7, 6, 5, 4	g	15, 18, 17, 16, 15
d	4, 3		

表 4-10　结点坐标文件

结点编号	坐标 (x, y)	结点编号	坐标 (x, y)
1	(x_1, y_1)	10	(x_{10}, y_{10})
2	(x_2, y_2)	…	…
…	…	17	(x_{17}, y_{17})
9	(x_9, y_9)	18	(x_{18}, y_{18})

多边形文件也可以通过软件自动检索，并同时计算出多边形的周长和面积，以及中心点的坐标；弧段坐标文件一般从数字化过程获取，数字化的顺序确定了这条弧段的方向；结点文件也可以通过软件自动生成，因为在数字化的过程中，由于数字化操作的误差，各弧段在同一结点处的坐标不可能完全一致，因此需要进行匹配处理，当其偏差在允许范围内时，可取同名结点的坐标平均值。

问题 32　请尝试用网络数据结构描述校园道路数据。

我们都有网购的经历，在物品下单快递员揽收后，快递公司就会更新物流信息，从信息里面可以知道物流运输的路线、到达时间等。其实这些物流运输的路线就好比一张大网，里面的线路错综复杂，但只要基于规定的原则运输就不会出错。那么制定这些路线的原理是什么呢？我们是否可以用这种原理对 GIIUC 系统中的道路进行描述呢？

实验目的

掌握网络数据结构的组织方式。

问题解析

上文提及的问题，都是基于 GIS 数据建模和空间分析中所必需的一种常用数据结构——网络数据结构制定的。在日常生活中，采用这种结构的实体有：交通网络系统、电力系统、地下管网系统、河网系统、物流系统等。

网络数据结构是由一组相连的边和交汇点，以及连通性规则组成，用于表示现实世界中的网状线性系统。在 GIS 的网络建模中，根据网络是否记录位置特征可以将其分为几何网络和逻辑网络。其中，几何网络主要强调边和结点的空间位置关系，逻辑网络则强调边与边之间的拓扑关系。在实际建模与存储时，一般会同时考虑位置关系和拓扑关系。如果在数据结构中定义了每条边的方向，那么这个网络结构就是有向网络结构。通过存储网络边的几何信息文件就可以确定边的方向。这些网络的形式、容量和效率对提高我们的生活水准和加深我们对周围世界的认知有着深远的影响。

实验步骤

本实验将以相互连通的两条道路：中大路、金大路为例，对其进行网络数据结构的组织描述。在 GIIUC 系统"住在校园"模块界面右上方的查询工具栏中，点击"全部"右侧的下拉按钮，选择"道路"。这里为了将两条道路一同搜索显示在地图中，应当进行模糊搜索。在查询工具栏中输入"大路"，点击"查询"按钮（🔍），即可看到查询目标在地图中高亮并居中显示，同时在左侧的操作窗口中，可看到查询结果，如图 4-8 所示。

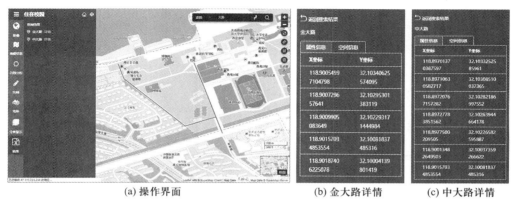

(a) 操作界面　　　　　　(b) 金大路详情　　　　　(c) 中大路详情

图 4-8　查询目标道路

实验结果

对中大路、金大路进行结点编号，从相互连通的交点开始。基于 GIIUC 系统中原始道路数据的走向，对其进行网络边的编号。例如，金大路的道路方向是从 P_1 到 P_0 到 P_2，所以将 P_1 到 P_0 组成的边设定为 n_1，P_0 到 P_2 的边设定为 n_2，以此类推，如图 4-9 所示。

图 4-9　边编号

金大路和中大路是两条相互连通的校园道路，也是一个简单的几何网络结构，根据上述对道路设定的结点编号、网络边编号，采用网络数据结构对其进行组织描述。这里用三个文件对其进行存储。表 4-11 结点文件存储道路网络的结点，以及它的几何特征结点的坐标信息。表 4-12 边文件存储道路网络的网络边的几何信息，因为网络边为有方向的网络结构，所以将确定的方向也存储在文件中。例如，边 n_1，组成它的结点是 P_1 和 P_0，方向是从 P_1 到 P_0。表 4-13 是道路网络中结点与边的关系数据文件，用来确定每个结点相连的结点，以及其所组成的边的拓扑关系。

表 4-11　结 点 文 件

ID	结点	结点坐标
1	P_0	(x_0, y_0)
2	P_1	(x_1, y_1)
3	P_2	(x_2, y_2)
4	P_3	(x_3, y_3)
5	P_4	(x_4, y_4)
6	P_5	(x_5, y_5)

表 4-12　边 文 件

ID	边	结点坐标	方向（起始结点）
1	n_1	$(x_0, y_0)(x_1, y_1)$	P_1, P_0
2	n_2	$(x_0, y_0)(x_2, y_2)$	P_0, P_2
3	n_3	$(x_0, y_0)(x_3, y_3)$	P_0, P_3
4	n_4	$(x_3, y_3)(x_4, y_4)$	P_3, P_4
5	n_5	$(x_4, y_4)(x_5, y_5)$	P_4, P_5

表 4-13　结点和边的关系文件

ID	结点	结点和边的关系
1	P_0	$(P_1, n_1)(P_2, n_2)(P_3, n_3)$
2	P_1	(P_0, n_1)
3	P_2	(P_0, n_2)
4	P_3	$(P_4, n_4)(P_0, n_3)$
5	P_4	$(P_5, n_5)(P_3, n_4)$
6	P_5	(P_4, n_5)

在实际应用中，网络结构是非常复杂的。针对更复杂的几何网络，原理和简单网络是类似的，但要考虑不同路线的方向，也包括一些特殊规定的原则，比如某个交叉路口规定了只允许右转，这种情况就要特别说明。读者也可以在 GIIUC 系统中选取较为复杂的道路网络，比如三条或者多条相互连通的道路，采用上述原理尝试描述。

4.3　栅格数据结构

问题 33　校园影像数据由多少行和列组成？

在浏览影像数据时，将其放大到一定比例尺后，常常会看到一个个方格，这让我们联想到栅格数据结构的特征，那么影像数据属于栅格数据吗？在 GIIUC 系统中哪些空间数据是栅格数据结构？请列举它们，并以影像数据为例，查看其单元格的行列号信息。

实验目的

理解栅格数据结构及特点。

问题解析

上文提及的问题，其本质在于对栅格数据结构的理解。栅格数据结构是最简单直观的空间数据结构，又称为网格结构或像元结构，是通过一系列相互邻接、规则排列、大小均匀的栅格单元来表达空间地物或现象分布的数据组织方式。

每个栅格单元都有自己的位置和栅格值。其中，位置通常是用一对有序的行列号坐标表示的，其地理坐标可以根据起算坐标、空间分辨率，以及行号和列号共同运算确定；栅格值则表示地物或现象的非几何属性特征，即包含一个代码表示该像元的属性类型或量值，或仅仅包含指向其属性记录的指针。

实验步骤

在 GIIUC 系统"住在校园"模块，点击界面左侧"影像"选项卡，在操作界面中点击"查看影像数据基本信息"，即可看到校园影像数据的行列数、坐标系等信息，如图 4-10 所示。

图 4-10　影像数据基本信息查询

实验结果

基于对栅格数据结构知识的学习和以上操作，可知 GIIUC 系统中的影像和地形数据都是栅格数据结构；以影像数据为例，其单元格的行数为 18 322，列数为 16 060，GIIUC 系统校园影像图采用的坐标系为 UTM。

77

问题 34　请在白纸上以完全栅格数据结构的方式列出校园影像数据的结构。

我们在查询栅格数据存储的像元信息时，通常可以获取该像元的地理坐标（x，y）、行列号、栅格值等信息。其中行列号数值通常很大，那么栅格数据的行列号是如何排列的？起始像元位于哪里？坐标信息和栅格值，又是如何在栅格数据的像元中存储和组织的呢？请以完全栅格数据结构为例，绘制一部分影像数据的存储结构示意图以辅助说明。

实验目的

（1）了解栅格数据存储方式。
（2）理解完全栅格数据结构。

问题解析

完全栅格数据结构（也称编码）是将栅格看作一个数据矩阵，逐行逐个记录栅格单元的值，栅格排序可以每行都从左到右，也可以奇数行从左到右而偶数行从右到左，或者采用其他特殊的方法。它不采用任何压缩数据的处理，是最简单、最直接、最基本的栅格组织方式。

完全栅格数据的组织有三种基本方式：基于像元、基于层和基于面域。

实验步骤

在 GIIUC 系统"住在校园"模块，点击界面左侧"影像"选项卡，此时地图切换为校园影像地图。通过点击右上角的放大/缩小按钮或滑动鼠标滚轮，可以实现地图缩放，以浏览不同比例尺下的影像图。

点击左侧操作界面的"栅格值查询"按钮，平移和缩放地图，选择校园影像图的四个栅格单元，单击该栅格单元所在位置，查询这四个栅格单元的行列号信息，如图 4-11 所示，观察其行列号排列的规律。

实验结果

基于对完全栅格数据结构知识的学习和以上操作，可知 GIIUC 系统中的影像数据的行列号按照从上至下，从左至右的规律排列，其起始像元位于左上角，行列号为（0，0），列号从左至右依次递增，行号从上至下依次递增。下面以基于像元方式的完全栅格数据结构为例，列出一部分影像数据的结构。本实验借用了与探寻答案时相同的研究区域绘制示意图，如图 4-12 所示。

(a) 第1个查询像元

(b) 第2个查询像元

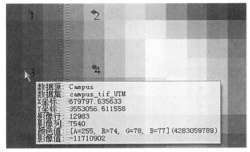

(c) 第3个查询像元

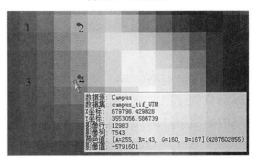

(d) 第4个查询像元

图 4-11 影像数据基本信息查询

图 4-12 基于像元方式的完全栅格数据结构示意图

问题 35 GIIUC 系统矢量和影像地图的切片原理及数据组织管理方式是怎样的？

对 GIS 有所了解的读者都知道，影像数据本身是海量的，内含的数据量比较庞大并且

79

加载显示效率也比较低，那我们有没有什么好方法，可以在浏览的时候提升影像数据的显示效率吗？电子地图数据也是同样如此，在传输数据的时候会大大消耗传输流量导致无法呈现较高的显示效率，那我们有什么好方法可以提高它的显示效率吗？

实验目的

（1）了解影像金字塔的含义及作用。
（2）理解金字塔数据结构。

问题解析

上文提及的两个问题，其本质在于对金字塔数据结构的运用。针对影像数据的显示效率可以通过创建影像金字塔的方式提升，而针对地图数据，我们可以通过以金字塔数据结构存储的地图切片来提升效率。

实验步骤

在 GIIUC 系统"住在校园"模块，点击界面左侧"影像"选项卡，点击左侧下方的图娃图标（ 🐾 ），在弹出的菜单中点击"问题 35：影像金字塔原理"的视频图标（ 🎥 ），如图 4-13 所示。

跳转到视频播放界面，在 SuperMap iDesktop 桌面软件中，通过加载原始影像数据，对其生成影像金字塔。再加载和查看有无金字塔结构的影像地图的显示效率情况。

在 GIIUC 系统的"住在校园"模块，点击界面左侧"地图信息"选项卡，切换到矢量地图视窗，如图 4-14 所示。

在地图界面的右侧工具栏中，点击放大按钮（ ➕ ），可以显示大比例尺范围下的矢量地图，点击缩小按钮（ ➖ ）可以显示小比例尺范围下的矢量地图，通过对矢量地图的浏览，可以发现地图是分块加载显示的。

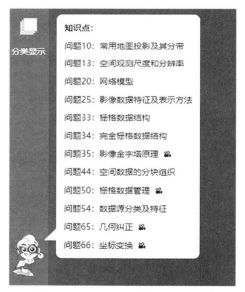

图 4-13　查看影像金字塔原理视频

实验结果

在 GIIUC 系统中，影像数据的金字塔结构主要通过 SuperMap iDesktop 桌面软件创建。影像金字塔就是由原始影像按照一定规则生成的由细到粗不同分辨率的影像集。从金字塔的底层开始每四个相邻的像素经过重采样生成一个新像素，依此重复进行，直到金

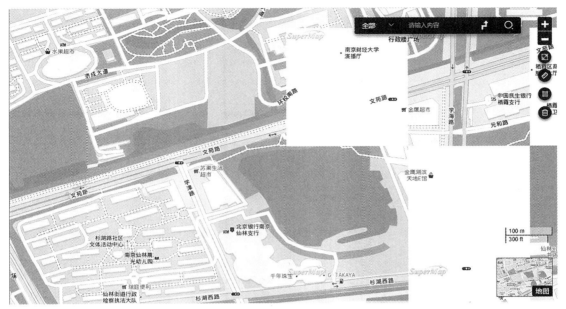

图 4-14　切换矢量地图

字塔的顶层（图 4-15）。

　　每一层影像金字塔都有对应的分辨率，比如放大、缩小操作，会计算出进行该操作所需的影像分辨率及在当前视图范围内会显示的地理坐标范围，然后根据这个分辨率去和已经建好的影像金字塔分辨率匹配，哪层影像金字塔的分辨率最接近就用哪层的图像来显示，并且根据操作后当前视图应该显示的范围，来求取在该层影像金字塔上，应该对应取哪几块显示在窗口。

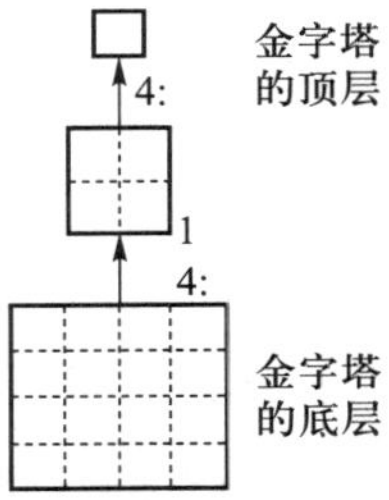

図 4-15　金字塔结构

　　通过对无金字塔的影像数据与有金字塔结构的影像数据的浏览，可以发现创建影像金字塔结构对影像数据的显示效率有明显的提升。

　　通过实验步骤中对地图的缩放观察可知，GIIUC 系统的矢量地图是以分层分块的形式呈现的，通过对地图进行切片来提升地图显示效率。通常，在 Web GIS 系统中，为了提高电子地图数据传输的显示效率，优化在传输网络数据时耗费流量导致无法呈现比较高的显示效率的问题，会采取对矢量地图进行瓦片切片的操作。

　　地图瓦片是包含了一系列比例尺和一定地图范围的地图切片文件。按照金字塔结构组织，每张瓦片都可以通过级别、行列号唯一标记。在平移、缩放地图时，根据金字塔规则，计算出所需的瓦片，从瓦片服务器获取并拼接，基于一个索引点，通过四叉树的划分方式对不同层级比例尺进行瓦片切片，保证每个切片的分辨率相同，清晰度相同。

　　地图切片主要分为栅格瓦片和矢量瓦片，它们都采用金字塔结构（四叉树）按比例进行分组组织和存储，其存储结构可以通过生成的地图切片目录结构来展示。

　　图 4-16 是对 GIIUC 系统的矢量地图进行栅格瓦片的切分，其最终结果是金字塔分层的图片，或者是对应的基于图片的压缩包格式，从图 4-16（a）目录结构中可以知道总共切分了六个层级，在每一层级的比例尺下都是存储的切分的图片合集，如图 4-16（b）所示。

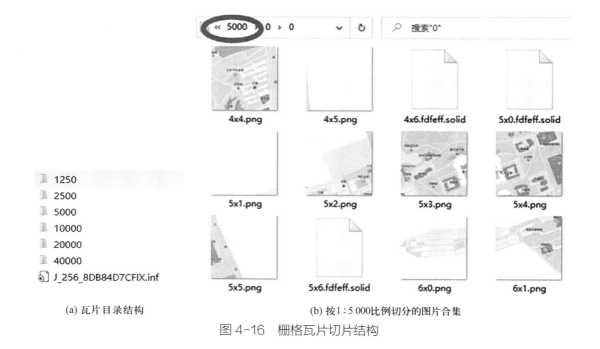

(a) 瓦片目录结构　　　　　　　　(b) 按1:5 000比例切分的图片合集

图 4-16　栅格瓦片切片结构

4.4　矢量数据与栅格数据的融合与转换

问题 36　请将校园宿舍数据转换为分辨率是 10 m、50 m、100 m 的栅格数据，并说明它们的异同。

当一套空间数据出现在你面前时，你能分辨出这套数据是矢量数据还是栅格数据吗？你有没有注意过它们之间有什么差异呢？将你的宿舍由矢量数据格式转换为不同分辨率的栅格数据格式，并查看这些栅格数据，你能否发现其中的差异？我们在矢量栅格化的过程中又要如何确定输出结果分辨率呢？

实验目的

（1）了解矢量数据结构和栅格数据结构的各自特点。
（2）能够结合实际应用需求，选用适合的数据结构表达地理事物。

问题解析

上文提及的问题，其本质在于了解栅格数据与矢量数据的特点（表 4-14），并掌握矢栅转换的方法。在进行空间数据结构的选择过程中，往往也要根据数据的类型、性质和使用的方式来选择最有效和最合适的数据结构。

表 4-14 栅格、矢量数据结构的对比

	优点	缺点
矢量数据结构	1. 数据结构严密，冗余度小，数据量小； 2. 空间拓扑关系清晰，易于网络分析； 3. 面向对象目标，不仅能表达属性编码，而且能方便地记录每个目标的具体的属性描述信息； 4. 能够实现图形数据的恢复、更新和综合，图形显示质量好、精度高。	1. 数据结构处理算法复杂； 2. 叠置分析与栅格图组合比较难； 3. 数学模拟比较困难； 4. 空间分析技术上比较复杂，需要更复杂的软、硬件条件； 5. 显示与绘图成本比较高。
栅格数据结构	1. 数据结构简单，易于实现算法； 2. 空间数据的叠置和组合容易，有利于与遥感数据的匹配应用和分析； 3. 各类空间分析、地理现象模拟均较为容易； 4. 输出方法快速简易，成本低廉。	1. 图形数据量大，在用大像元减小数据量时，精度和信息量受到损失； 2. 难以建立空间网络连接关系； 3. 投影变化实现困难； 4. 图形数据质量低，输出的地图不精美。

实验步骤

在 GIIUC 系统首页，点击"知识图谱"，依次选择"第 4 章""矢量数据与栅格数据的转换"，点击实验操作，了解 GIIUC 系统的宿舍矢量数据转栅格的过程，以便观察矢量数据与不同分辨率的栅格数据之间的差异。

实验结果

矢量数据与不同分辨率的栅格数据如图 4-17 所示。

从上面三种分辨率的栅格数据与矢量数据的比较中我们可以发现：

首先，矢量数据的精度较高，可以准确地展示教学楼的位置及形状，相应的数据结构较为复杂，栅格数据相比较而言位置精度较低，数据结构较为简单；其次，矢量数据不仅能表达属性编码，而且能方便地记录每个目标的具体的属性描述信息，而栅格数据不能记录详细的属性描述信息；最后，矢量数据输出得较为精确美观，而栅格数据相比较而言较为粗糙。

然后，将三种分辨率的栅格数据进行比较可知，影像的分辨率越高，数据的详细程度便越高。通过学习前面几章我们知道，10 m 分辨率也就是每个单元格代表地面上 10 m × 10 m 的范围，因此 10 m 分辨率的栅格数据包含的信息比 50 m 和 100 m 分辨率的栅格数据更加详细，同样的 100 m 分辨率的栅格数据精度与信息量会受到损失。同时，在放大栅格数据后，我们也可以发现，高分辨率的栅格数据会出现"锯齿"现象。

因此，根据上述比较，应根据应用目的要求、实际应用特点、可能获得的数据精度，以及地理信息系统软件和硬件配置情况，在矢量和栅格数据结构中选择合适的数据结构。

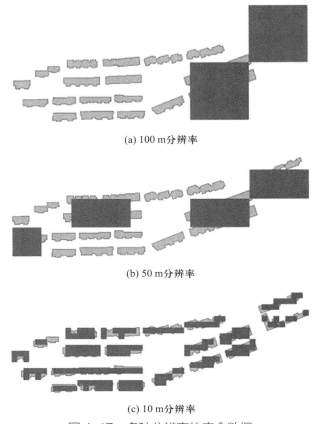

(a) 100 m分辨率

(b) 50 m分辨率

(c) 10 m分辨率

图 4-17　多种分辨率的宿舍数据

我们在矢量数据向栅格数据转换之前，也要先确定好栅格单元的大小，即设置栅格图像的分辨率。分辨率决定数据转换后的精度。选择栅格尺寸，既要考虑数据精度的要求、数据量的大小，又要考虑是否会引起信息的过多缺失与"锯齿"现象从而降低图形的美观程度。

4.5　多维数据结构

问题 37　如何通过 GIIUC 系统分析你的宿舍在某个时间段的采光率？

你注意过你的宿舍平时的光线吗？会不会觉得别的同学的宿舍光线和你的不一样呢？你有没有想过这其中涉及什么 GIS 知识呢？这里使用的数据结构还是我们前面几节所用到的数据结构吗？

实验目的

理解多维数据的概念及特征。

问题解析

上文提及的问题，其本质在于对多维数据结构的理解。现实世界呈现给我们的是一个三维甚至是多维的地理场景。地理信息系统作为对地理环境进行数字化建模和定量分析的工具，主要是构建二维和三维数据模型，并基于这些模型展开一系列的空间分析操作。在概念数据模型中，人们将三维及以上维度的数据模型称为多维数据模型。其中，三维数据模型和时空数据模型是最为常见的多维数据模型。在学习 GIS 的过程中，了解多维数据结构相关的概念也是非常必要的。

多维数据模型是二维数据中点、线、面矢量模型在多维空间中的推广。以三维数据为例，三维数据模型将三维空间中的实体抽象为三维空间中的点、线、面、体这四种基本元素，然后以这四种基本几何元素的集合来构造更复杂的对象。

如果用 x、y 和 z 分别代表三个维度，并以此表示三维空间，那么空间中的任意一个位置可以用 $L(x_i, y_j, z_k)$ 表示。并且，多个维度的任何组合都必须对应一个或多个属性值。任何地理对象，除了具有空间位置特征本身外，还具有属性信息这种重要的数据特征。如果用 $F(m, \cdots, n)$ 表示特定维度序列的属性值，那么可以用 $F(m_i, j_k, \cdots, n_i, j_k) = L(x_i, y_j, z_k)$ 表示多维空间的任意属性值集合。

实验步骤

在 GIIUC 系统"住在校园"模块，选择"日照分析"选项卡，在操作界面设置日期（如"2020-08-13"）、开始时间（如"10:00"）、结束时间（如"12:00"）、底部高程（如"3"）和拉伸高度（如"12"），如图 4-18 所示。点击"绘制分析区域"，拖动鼠标在三维地图中绘制出学生宿舍区域，单击右键结束绘制，这时阴影率数据会显示在三维地图中。

实验结果

通过上述操作，可获取学生宿舍 2～5 楼在 2020 年 8 月 13 日 10:00—12:00 的采光率数据，如图 4-18 所示。该采光率结果数据是一组三维数据，它包括 x、y、z 三个维度，每一个位置都是多个维度的组合，该位置的属性代表这个位置上采光率的值。若需要查询其他楼层的采光情况，则只需修改底部高程和拉伸高度，重新点击"绘制分析区域"按钮，执行分析即可。

(a) 参数设置　　　　　　　　　　　　(b) 效果图

图 4-18　宿舍采光率参数设置

第5章 空间数据组织与管理

5.1 概　　述

本章主要基于《主教程》第 5 章"空间数据组织与管理"部分的内容，围绕空间数据库概述、空间数据库设计、空间数据特征与组织、空间数据管理、空间数据检索等知识点，设计了 GIIUC 系统如何实现空间数据存放、GIIUC 系统中的影像数据如何分块组织、GIIUC 系统采用哪种空间索引方法等 16 个相关实验问题，知识点与具体实验问题的对应详见表 5-1。通过本实验，读者将在掌握 GIIUC 系统空间数据库基础上，具备初步的空间数据组织与管理能力。

电子教案
第 5 章

表 5-1　空间数据组织与管理实验内容

实验内容	实验设计问题
5.2　空间数据库概述	038　请说出校园各个要素图层的属性表数据结构及数据内容。
	039　请说出 GIIUC 系统空间数据是如何组织和存储的。
5.3　空间数据库设计	040　请从空间结构、实体属性、属性关系、完整性约束等方面说明校园空间数据库的设计结构。
	041　请说出 GIIUC 系统空间数据库的设计步骤。
5.4　空间数据特征与组织	042　请从空间特征、非结构化特征、空间关系特征等角度，对校园空间数据进行概念性描述。
	043　GIIUC 系统中有哪些矢量图层，哪些栅格图层？
	044　GIIUC 系统中的影像数据是如何分块组织的？
	045　GIIUC 系统是如何组织道路数据的，这种组织的实现途径是什么？
	046　请说出 GIIUC 系统电子地图中的比例尺与传统地形图比例尺的各自含义和意义。
	047　查看 GIIUC 系统中各矢量图层的属性信息，了解其数据组织方式。
5.5　空间数据管理	048　GIIUC 系统中的关系数据库管理是如何实现的？
	049　GIIUC 系统中的面向对象关系数据库管理是如何实现的？
	050　GIIUC 系统中的栅格数据是如何管理的？
	051　请说出 GIIUC 系统是如何与数据库交互实现对空间数据的查询、显示、分析、处理的。
5.6　空间数据检索	052　GIIUC 系统的空间索引如何看到，采用的是哪种空间索引方法？
	053　请利用 SQL 查询食堂及其周边 100 m 范围内的校园建筑设施。

5.2　空间数据库概述

问题 38　请说出校园各个要素图层的属性表数据结构及数据内容。

空间数据库是地理信息系统中用于存储和管理空间数据的场所。GIS 用户在决策过程中通过访问空间数据库获得空间数据，也可以将决策结果存储到空间数据库。那么请读者思考存储空间数据的数据库又是由哪些部分组成的呢？请读者面向 GIIUC 系统中的各个图层，通过相应的功能查看要素图层的属性表数据结构及数据内容，思考上述问题。

实验目的

（1）了解空间数据库的概念及特点。
（2）理解空间数据库存储的数据类型。

问题解析

本实验问题主要考察对空间数据库的概念的理解，以及空间数据库存储数据类型的内容。

空间数据库是某一区域内关于一定地理要素特征的数据集合，是地理信息系统在计算机物理存储介质存储的与应用相关的地理空间数据的总和。与一般的数据库相比，它的数据量特别大、数据结构复杂、数据关系多样，并且数据的应用面广泛。

空间数据库中的数据按照存储的数据类型可以分为矢量数据和栅格数据，如图 5-1 所示。矢量数据包括各种空间实体数据（图形和属性数据），栅格数据包括遥感影像和 DEM 等。

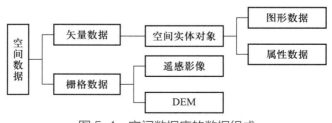

图 5-1　空间数据库的数据组成

实验步骤

1. 矢量数据属性表结构和数据内容

在 GIIUC 系统"住在校园"模块，通过 SQL（结构化查询语言）查询，查找感兴趣地物的空间位置及详细信息。

在界面右上方的查询栏输入查询关键字，例如输入"教学楼"，点击查询按钮（ 🔍 ），这时左侧操作窗口将列出所有查询结果，选择其中一个结果，如"中北学院教学楼"，点击其后的"详情"按钮查看详细信息，如图 5-2 所示。

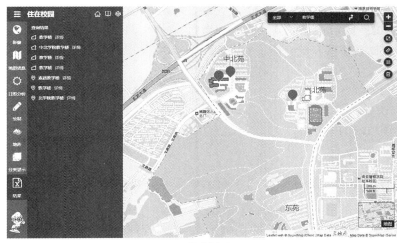

(a) 操作界面　　　　　　　　　　　　　　(b) 详情

图 5-2　教学楼查询界面

2. 栅格数据属性表结构和数据内容

这里分成如下两类介绍栅格数据属性表结构和数据内容。

（1）影像数据。在 GIIUC 系统"住在校园"模块，点击界面左侧的"影像"选项卡。点击"查看影像数据基本信息"，获得校园影像数据信息。也可以通过"栅格值"查询影像数据中每个像元的值。在地图上浏览影像数据。

（2）DEM 数据。在 GIIUC 系统"住在校园"模块，点击界面左侧"地形"选项卡。点击"查看地形数据基本信息"，获得校园 DEM 影像的基本信息，可以在地图上浏览DEM 数据内容。

实验结果

通过上面的操作，可以了解到，GIIUC 系统，其使用的空间数据库包含了矢量数据和栅格数据。其中矢量数据存储了属性信息及空间信息。空间数据库还记录了空间数据的坐标参考信息等。

GIS 用户基于 GIIUC 系统，通过访问其空间数据库，可以查询需要的空间数据，如校园教学楼、校园道路信息、校园影像地图、DEM 数据等。如果这套系统需要扩展新业务，那么也可以借助空间数据库存储和布局其扩展业务的数据内容。

问题 39　请说出 GIIUC 系统空间数据是如何组织和存储的。

空间数据库一般是以一系列特定结构的文件的形式组织在存储介质之上的。在 GIIUC 系统中，空间数据类型包含了很多种，如矢量类型的空间数据（包括属性信息及空间信息）、遥感影像数据、三维空间数据等。读者是否思考过，这些不同类型的空间数据是如何存储的？它们又可以存储在哪些存储介质上？

实验目的

了解空间数据库管理系统的概念。

问题解析

回答上述问题首先需要了解空间数据库管理系统。

对于空间数据库来说，它不仅要存储管理属性信息，还要管理大量的空间数据及其空间关系等信息。目前常见的数据库有 Oracle、SQL Server、PostgreSQL、MongoDB 等。空间数据库管理系统的实现，主要包括以下两个方案：

（1）对常规数据库管理系统（DBMS）进行扩展，使之具有空间数据存储、管理功能，比如 Oracle spatial、PostGIS。

（2）在 DBMS 的基础上，通过空间数据库引擎实现空间数据存储管理，比如 SuperMap 的 SDX 引擎。

实验步骤

在 GIIUC 系统的"住在校园"模块，点击"分类显示"选项卡，将光标移至界面左下角图娃图标（😈）上，在弹出的窗口点击"空间数据库存储介质"右侧的图标（🎥），观看视频。具体步骤如下：

首先，打开存储 GIIUC 系统的空间数据库。然后，分别打开矢量、影像、地形数据的存储表，查看数据是如何存放的。如图 5-3 所示，矢量数据按要素划分，同一要素的属性数据和图形数据都统一管理在一张数据表中，通过不同类型的字段进行存储；影像和地形数据，都采用分块组织的方式通过多条记录进行存储。

实验结果

通过 GIIUC 系统中的演示视频我们知道，基于数据库扩展模块 PostGIS，可以将空间数据存储到 PostgreSQL 数据库中管理。此外，通过不同类型的数据库引擎 SuperMap SDX＋，也可以将空间数据和属性数据一体化存储到大型关系数据库中，如 Oracle、SQL Server、DB2、Kingbase、Sybase 和 DM3 等，实现存储、管理空间数据。

smgeometry geometry	👁	userid charac	id char	name character varyin	type character varyin
0101000020E61000...		0	1	发展用地	发展用地
0101000020E61000...		0	2	行知楼	教学区
0101000020E61000...		0	3	北苑	居住区
0101000020E61000...		0	4	学行楼	教学区
0101000020E61000...		0	5	行远楼	教学区
0101000020E61000...		0	6	预留发展用地	发展用地
0101000020E61000...		0	7	6号门	地标性建筑
0101000020E61000...		0	8	北区运动场	球场
0101000020E61000...		0	9	北区运动场	田径运动场
0101000020E61000...		0	10	北区体育器材室	器材室
0101000020E61000...		0	11	北区运动场	球场
0101000020E61000...		0	12	北苑	居住区
0101000020E61000...		0	13	北苑	居住区
0101000020E61000...		0	14	北区配电房	配电房
0101000020E61000...		0	15	北苑	分区
0101000020E61000...		0	16	学行楼	教学区

(a) 矢量数据存储表

	smrow integer	smcolumn integer	smsize integer	smband1 bytea
1	0	0	16777472	[binary data]
2	0	1	16777472	[binary data]
3	0	2	16777472	[binary data]
4	0	3	16777472	[binary data]
5	0	4	16777472	[binary data]
6	0	5	16777472	[binary data]
7	0	6	16777472	[binary data]
8	0	7	16777472	[binary data]
9	0	8	16777472	[binary data]
10	0	9	16777472	[binary data]
11	0	10	16777472	[binary data]
12	0	11	16777472	[binary data]
13	0	12	16777472	[binary data]
14	0	13	16777472	[binary data]
15	0	14	16777472	[binary data]

(b) 影像数据存储表

	smrow integer	smcolumn integer	smsize integer	smraster bytea
1	0	0	16777472	[binary data]
2	0	1	16777472	[binary data]
3	0	2	16777472	[binary data]
4	0	3	16777472	[binary data]
5	0	4	16777472	[binary data]
6	0	5	14352640	[binary data]
7	1	0	16777472	[binary data]
8	1	1	16777472	[binary data]
9	1	2	16777472	[binary data]
10	1	3	16777472	[binary data]
11	1	4	16777472	[binary data]
12	1	5	14352640	[binary data]
13	2	0	16777472	[binary data]
14	2	1	16777472	[binary data]
15	2	2	16777472	[binary data]

(c) 地形数据存储表

图 5-3 空间数据存储表

5.3 空间数据库设计

问题 40 请从空间结构、实体属性、属性关系、完整性约束等方面说明校园空间数据库的设计结构。

当我们在 GIS 系统中查看地图时，常常会发现随着比例尺的变换，展示的内容是不同的。若比例尺越大，则内容往往越详尽，要素的表现形式也有所不同。那么，在一幅地图中，需要展现哪些地理实体？这些地理实体以矢量点、线、面展示，还是通过栅格展示？它们需要哪些实体属性？实体与相关属性表之间是否存在关联关系？读者是不是认为这些问题都是在地图制作阶段才考虑呢？事实上，在空间数据库设计之初，就需要根据业务需求考虑这些问题。请从 GIIUC 系统的功能需求出发，尝试了解 GIIUC 系统采用了哪些数据库型数据源，并探寻空间数据库设计需要包含哪些内容，例如空间结构、实体属性、属性关系、完整性约束等方面。

实验目的

了解空间数据库的设计内容。

问题解析

要回答上述问题，首先要了解空间数据库的设计内容。一般来说，在空间数据库的设计阶段，主要包括四个方面的内容：① 选择数据模型与划分地理实体；② 确定数据实体属性与空间结构；③ 实现丰富的地理实体行为；④ 属性关系及完整性约束。

在选择数据模型与划分地理实体的时候，首先是确定所需的专题数据，并为各专题数据对应的地理实体或现象选择合理的形式来表达。例如河流是作为矢量形式的线、面类型，还是以栅格的形式表达，或者类似各年级学生的期末考试成绩以纯属性表的形式存储。其次需要对每一个实体类的属性和结构进行设计。例如，河流的面要素实体，应该包含哪些必要的属性信息，如河流长度、面积等空间信息，河流所属行政区、形成年代等属性信息，以及这些属性对应的字段类型等。

此外，属性关系及完整性约束继承于传统的数据库设计内容。其中，属性关系，也称为逻辑关系，例如，"一对一""一对多""多对多"等逻辑关系；完整性约束则指某个属性字段的值的可取值范围，值范围可以是数值范围，也可以是枚举范围。

实验步骤

在 GIIUC 系统的"住在校园"模块，点击"分类显示"选项卡，将鼠标移至界面左下角图娃图标（👤）上，在弹出的窗口点击"空间数据库的设计内容"右侧的图标（🎥），观看视频。具体步骤如下：

在 GIIUC 系统空间数据库的设计中，首先，根据系统需求将所需的专题数据进行要素划分，以便按要素进行空间数据组织；同时，为各专题数据对应的地理实体或现象选择合理的形式表达。以校园迎新专题为例，要素与几何类型划分方案如表 5-2 所示。

表 5-2　要素与几何类型划分方案

数据类型	专题要素	几何类型
校园基础地理空间要素	教学楼	面

数据类型	专题要素	几何类型
校园基础地理空间要素	食堂	面
	运动场	面
	宿舍	面
	道路	线
	路灯	点
	行道树	点
	绿地	面
	林地	面
校匠迎新专题	新生报到点	点
	班车站点	点
	班车路线	线

其次，从实体属性、属性关系、完整性约束这三方面来完善 GIIUC 系统数据库设计的内容，一般根据实际应用需求来确定。在 GIIUC 系统中，校园基础地理空间要素和校园迎新专题数据，主要用于基础信息显示、查询的应用。以班车站点为例，若从基础信息显示与查询的需求出发，则主要关注站点的名称、所在道路名称、途经的班车路线等属性；站点属性的约束性条件，主要为途经班车路线属性的有效值列表，即取值限制。

明确了实体属性、属性关系及完整性约束后，可将它们转换为表结构，例如班车站点表结构，如表 5-3 所示。

表 5-3　班车站点表结构

字段名	字段类型	字段长度	取值限制	备注
站点编码	字符型	20	站点的唯一标识符	主键
站点名称	字符型	20		
道路名称	字符型	20		
停靠路线	字符型	20	｛"茶苑—中北""茶苑—北区"｝	途经的班车路线

实验结果

上文主要以校园班车站点要素为例，探寻 GIIUC 系统空间数据库设计的主要内容。设计空间数据库的宗旨是能够有效地存储、管理数据，满足各种用户的应用需求。

相比传统数据库，在空间数据库的设计阶段，除了根据应用需求确定专题数据之外，还需要考虑专题数据之间复杂的空间关系、逻辑关系，例如，教学楼与宿舍楼的空间关系为相离关系，不能有相交的情形，班车站点与班车路线的逻辑关系为多对多。

此外，在空间数据库设计的初级阶段，选择合理的形式表达地理实体是至关重要的，例如班车站点在迎新指引时较为重要，但不需要显示详细的几何形态，只需要突出空间位置，因此，在空间数据库设计时，将班车站点的几何类型设计为矢量点来表达；对于绿地、林地、教学楼、宿舍楼等要素，相对校园其他数据属于占地面积较大的地理要素，则将它们设计为矢量面来表达。

在空间数据库中，属性数据一般用二维表存储。在设计阶段，需要根据需求构建实体属性表结构及完整性约束条件。例如，迎新指引时需要显示报到点名称，如图 5-4 所示，则相应的 GIS 软件需要构建报到点的属性表结构。

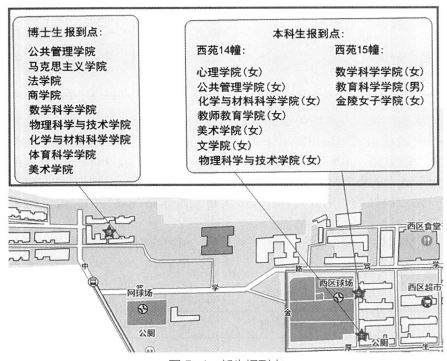

图 5-4　新生报到点

最终，根据空间数据库设计内容，可将专题数据的几何信息和属性信息，统一输入空间数据库中进行管理，并通过相应的属性表来支持专题信息的显示与查询，例如：GIIUC 系统空间数据库中的校园班车站点数据，如图 5-5 所示。

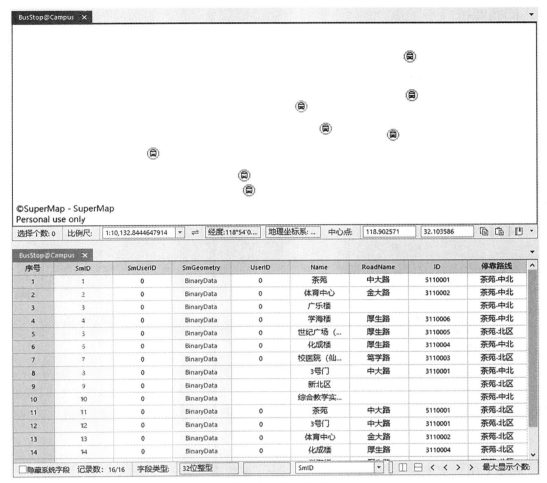

图 5-5 班车站点

问题 41 请说出 GIIUC 系统空间数据库的设计步骤。

我们知道在 GIS 系统中，空间数据都是通过空间数据库来存储并管理的，那么如何根据业务需求来设计一套空间数据库呢？例如，如何选择需要采集、存储哪些专题数据？如何设计二维表结构来存储专题数据？确定好数据库设计方案后，又如何将该方案记录下来呢？请从 GIIUC 系统的功能需求出发，以某个专题数据为例，结合本实验的学习视频，尝试了解空间数据库设计的流程。

实验目的

掌握空间数据库的设计步骤。

问题解析

空间数据库的设计既要考虑各种业务需求，又要兼顾空间数据在采集、存储、管理和应用模型构建方面的内容，其设计步骤主要包括以下几个方面，如图 5-6 所示。

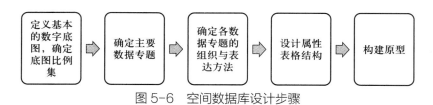

图 5-6　空间数据库设计步骤

实验步骤

在 GIIUC 系统的"住在校园"模块，点击"分类显示"选项卡，将鼠标移至界面左下角图娃图标（🐸）上，在弹出的窗口点击"空间数据库的设计步骤"右侧的图标（📽），观看视频。

基于 GIIUC 系统应用需求，设计一个数据源存储与管理空间数据，以探寻空间数据库的设计步骤，其中主要包括五个关键步骤。

1. 定义基本的数字底图，确定地图比例集

以 GIIUC 系统数字底图显示需求为例，该底图需要将校园所有建筑物、校园绿地、校园基础设施点、校内景观湖等作为基础数据，并划分六个比例尺级别：1 : 20 000、1 : 12 000、1 : 8 000、1 : 5 000、1 : 3 500、1 : 2 000。

2. 确定主要数据专题

根据 GIIUC 系统数字底图显示需求，确定主要数据专题及几何类型，如表 5-4 所示。

表 5-4　主要数据专题及几何类型

数据类型	专题要素	几何类型
校园基础地理空间要素	校园兴趣点	点
	教学楼	面
	食堂	面
	运动场	面
	宿舍	面
	道路	线
	水域	面
	绿地	面
	林地	面

3. 确定各数据专题的组织与表达方法

根据 GIIUC 系统数字底图显示需求，确定数据专题的数据集列表，以及表达方法，如表 5-5 所示。

表 5-5　数据集列表

数据集名称	表达内容	主要使用方法
POIs	分别用不同符号表达教学楼、操场、图书馆、医院等校园兴趣点	显示风格：单值专题图 注记：标签专题图
RoadLine	表达具有一定宽度的道路，显示道路名称	显示风格：缓冲区分析、单值专题图 注记：标签专题图
ActivityArea	用合适的颜色表示校园活动区数据，包括球场、广场和运动场等活动场所	显示风格：单值专题图
LivingArea	用合适的颜色表示住宿区数据，包括学生宿舍、教师宿舍和宾馆等	显示风格：图层风格设置
TeachingArea	用合适的颜色表示教学楼数据，包括各院系教学楼、实验楼、行政楼	显示风格：图层风格设置
ServiceArea	用合适的颜色表示服务区数据，包括食堂、浴室和图书馆等	显示风格：单值专题图
OtherBuilding	用合适的颜色表示其他建筑物面数据	显示风格：图层风格设置
Grass	用合适的颜色表示绿地面数据	显示风格：图层风格设置
Wood	用合适的颜色表示林地数据	显示风格：图层风格设置
Water	用合适的颜色表示水域面数据	显示风格：图层风格设置
Ground	用合适的颜色表示空地数据	显示风格：图层风格设置

4. 设计属性表格结构

为每个数据集设计属性表结构，包括属性字段、字段类型和属性域等，如表 5-6 所示。

表 5-6　属性表结构（以道路数据为例）

字段名	字段类型	字段长度	取值限制	备注
ID	字符型	20	唯一标识符	主键，道路编码
Name	字符型	20		道路名称
Width	16 位整型	2		道路宽度
Type	字符型	20	{"主要道路""校内道路"}	道路类型

5. 构建原型

将 GIIUC 系统空间数据导入，然后构建地图，运行 GIIUC 系统并进行数据查询，以测试设计的实用性，如图 5-7 所示。

图 5-7　空间数据入库（以道路数据为例）

实验结果

通过 GIIUC 系统中的演示视频我们知道，基于 GIIUC 系统应用需求，可逐步设计空间数据库的专题数据列表、数据组织与存储方式、属性表结构等信息，然后通过测试运行系统，再不断修改完善空间数据库的设计。

空间数据库在设计时，既要考虑各种应用需求，也要兼顾空间数据在采集、存储方面的内容。例如，GIIUC 系统的道路数据，其校内道路宽度的信息，就是由于数字底图在显示时要求根据不同的道路宽度，更清晰地体现出不同的道路等级，因此在空间数据收集时，应该考虑该数据的采集方式，以及采集精度等信息。

此外，在空间数据库设计完成之后，可记录设计内容，便于后期根据应用需求变更或测试运行情况，继续完善与维护。可以通过 Visio 工具，配合地图图层列表、设计方案图或文档记录，也可以通过绘制 E-R 模型图、关系模型图等方式记录数据库的概念和逻辑设计。

5.4　空间数据特征与组织

问题 42　请从空间特征、非结构化特征、空间关系特征等角度，对校园空间数据进行概念性描述。

空间数据存在的各种特征使通用数据库在管理空间数据时面临许多问题，这些特征包括空间、属性等不同方面。读者知道空间数据存在的特征具体有哪些吗？请读者针对

GIIUC 系统中点、线、面三类要素，从空间特征、非结构化特征、空间关系特征、多尺度与多态性、分类编码等角度，对其进行概念性描述。

实验目的

（1）了解空间数据的基本特征的内容。
（2）能够结合实际应用分析地理空间数据的特征。

问题解析

地理信息系统中空间数据的基本特征包括空间特征、非结构化特征、空间关系特征、多尺度与多态性、分类编码特征，以及海量数据特征。

空间特征指空间对象都具有空间坐标，并隐含了空间分布特征。非结构化特征一方面是指表达一个空间对象的记录，其数据项可能是变长的；另一方面指一个对象可能包含另一个或多个对象。空间关系特征是指拓扑数据结构表达的多种空间关系。多尺度与多态性是指同一地物在不同情况下的形态差异。分类编码特征是指每个空间对象都有一个按标准应用的分类编码。海量数据特征是指 GIS 中庞大的数据量。

实验步骤

通过 SQL 查询，查找目标点对象的空间位置及详细信息。例如在 GIIUC 系统中"住在校园"模块界面右上方的查询栏输入"江苏省动物学会"，点击查询按钮（🔍），这时左侧操作窗口中将列出所有查询结果，点击"江苏省动物学会"后的"详情"按钮查看该结果的详细信息，如图 5-8 所示。

基于上述方法，分别通过 SQL 查询，查询线对象"文澜路""学林路"和面对象"敬文图书馆""学明楼"，获得这些对象的详细信息。

实验结果

通过上述操作可以获得"江苏省动物学会"这个点对象的属性信息和空间信息。空间信息中可以看到该点的空间 X、Y 坐标，代表了点对象的空间特征；点对象没有非结构化特征；浏览地图查询结果可以看到"江苏省动物学会"这个点对象包含在"行知楼"这个面对象中，这是它的空间关系特征；点对象不具有多尺度与多态性特征；在属性信息中可以看到字段"ID"的值为"114"，这是"江苏省动物学会"这个对象的分类编码，还可以查询"校园邮局""1 号主校门"等点对象，发现

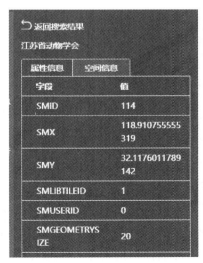

图 5-8　江苏省动物学会查询界面

其属性信息里的字段名称和个数都是一致的，这就是点对象的分类编码特征。

通过"文澜路"和"学林路"这两个线对象的空间信息可以看到组成线对象的多个坐标对，代表了线对象的空间特征。对比"文澜路"和"学林路"的空间信息，可以发现"文澜路"由 22 对坐标组成，而"学林路"由 18 对坐标组成，可以看出表达线对象的坐标记录其数据项是变长的，这就是线对象的非结构化特征。浏览地图查询结果可以看到"文澜路"和"学林路"这两个线对象相交，这是线对象的空间关系特征；线对象不具有多尺度与多态性特征。在属性信息中可以看到"文澜路"和"学林路"的字段名称和数量是一致的，"文澜路"字段 ID 的值为"2420020"，"学林路"字段 ID 的值为"1420024"，体现了线对象的分类编码特征。

通过"敬文图书馆"和"学明楼"这两个面对象的空间信息可以看到组成面对象的多个坐标对，代表了面对象的空间特征；对比"敬文图书馆"和"学明楼"的空间信息，可以发现"敬文图书馆"由 27 对坐标组成，而"学明楼"由 31 对坐标组成，可以看出表达面对象的坐标记录其数据项是变长的，这就是面对象的非结构化特征。浏览地图查询结果可以看到"敬文图书馆"和"学明楼"这两个面对象相离，这是面对象的空间关系特征。敬文图书馆在校园尺度中可以以用面对象来表达，但在城市尺度下就需要用点对象来表达，这就体现了面对象的多尺度与多态性特征。在属性信息中可以看到"敬文图书馆"和"学明楼"的字段名称和数量是一致的，"敬文图书馆"字段 ID 的值为"3330011"，"学明楼"字段 ID 的值为"3330012"，体现了面对象的分类编码特征。

问题 43　GIIUC 系统中有哪些矢量图层，哪些栅格图层？

我们在采集同一区域内的空间数据时，常常根据需求分专题采集，后续也会根据采集的专题数据分层组织、存储，并进行专题制图，那么在 GIIUC 系统中，都有哪些专题数据？ GIIUC 系统地图中哪些是矢量图层，哪些是栅格图层呢？

实验目的

理解空间数据的分层组织的意义。

问题解析

上述问题，主要是关于空间数据的分层组织方式的问题。在 GIS 系统中，可根据地理事物或地理现象的分类，如按数据类型（如矢量、栅格）、专题内容，或者按要素几何类别（如点、线、面）来实现空间数据的分层组织。通过分层组织，就可以根据实际需要，灵活选择相关主题的数据同时显示，或对不同主题的数据进行显示与隐藏控制。

实验步骤

在 GIIUC 系统中，地图中涉及的空间数据是通过分层组织方式处理的。

在 GIIUC 系统"住在校园"模块，左侧选项卡栏，选择"分类显示"选项卡，在界面左侧操作窗口中将列出多个图层，点击任意图层（如"兴趣点"）的复选框控制对应图层的显示与隐藏，可以更直观地感受校园中的不同专题数据的空间分布特征，如图 5-9 所示。

在 GIIUC 系统"住在校园"模块界面左侧选项卡栏，选择"地形"选项卡，在界面左侧操作窗口中，默认勾选了"查看原始 DEM"和"查看校园 DEM"复选框，在地图窗口中可通过该复选框切换查看对应数据。

在 GIIUC 系统"住在校园"模块界面左侧选项卡栏，选择"影像"选项卡，这时在地图窗口中可浏览影像地图，其中包含一个影像底图，同时叠加了一个表示校园范围的线图层。

图 5-9　分类显示

实验结果

根据上述操作，我们知道 GIIUC 系统中有三类地图（矢量地图、影像地图和地形地图），这三类地图主要是按照数据类型（如矢量和栅格）、专题内容来实现空间数据的分层组织。其中，在矢量地图中，以天地图作为底图，并将校园范围内的多个专题矢量图层（如兴趣点、居住区、教学楼和道路等）叠加在一起显示；对于影像地图，则是以影像图层为底图，叠加代表校园范围的矢量线图层；对于地形地图，以南京市的 DEM 数据为底图，叠加了校园 DEM 和代表校园范围的矢量线图层。

问题 44　GIIUC 系统中的影像数据是如何分块组织的？

你知道吗？仅福建省 1 m 分辨率遥感影像数据的数据量就将接近 630 GB，可以说遥感影像数据是名副其实的海量数据。那么海量遥感影像的显示和查询速度就需要通过软件算法技术的不断改进来提升。分块组织是当前遥感影像数据常用的组织方式。读者你思考过 GIIUC 系统中的影像数据是如何分块组织的吗？

实验目的

了解空间数据的分块组织方式。

问题解析

要解答上述问题，首先要理解空间数据的分块组织方式。在影像数据组织时，不仅可以按照不同分辨率分层组织，也可以将影像数据所覆盖的区域范围分割为若干个块或分区，按块分别进行空间数据的组织。这些块可以是规则的，如遵照国家标准《国家基本比例尺地形图分幅和编号》（GB/T 13989—2012）的各级比例尺地形图图幅范围所划分的规则块，也可以是不规则的，如按照行政区边界范围进行不规则分块。在一般情况下，全国范围的地图数据会根据规则分块的原则来组织数据。

实验步骤

在 GIIUC 系统的"住在校园"模块，点击"影像"选项卡，将鼠标移至界面左下角图娃图标（👧）上，在弹出的窗口点击"空间数据的分块组织"右侧的图标（🎥），观看视频。本实验以某块研究区域的影像数据为例，探寻空间数据的分块组织。

1. 查看分块组织的影像文件

查看某研究区域中，分块组织的影像文件，如图 5-10 所示。

图 5-10　影像文件

2. 查看分块格网及分块影像

在 SuperMap iDesktop 软件中，查看分块格网，分块大小为 900 m × 900 m。对比查看未分块组织与已分块组织的影像数据，可知它们在显示效果上是一致的，如图 5-11 所示。

T05310_77382.tif	T05319_77382.tif
T05310_77373.tif	T05319_77373.tif
T05310_77364.tif	T05319_77364.tif
T05310_77355.tif	T05319_77355.tif

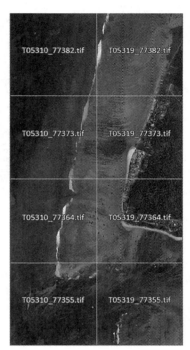

(a) 未分块影像   (b) 分块格网   (c) 分块影像

图 5-11 影像文件

实验结果

在 GIIUC 系统的影像地图中，作为底图的大范围影像，是分块组织的；但是在大比例尺下显示的校园影像数据，则是从分块组织的一系列影像中选取了其中一块，在 GIIUC 系统的数据组织中直接对应为 1 个影像数据集，没有再进一步地进行分块划分。

同时，如图 5-12 所示，GIIUC 系统在影像图层上，还叠加了反映校园范围的矢量线图层。由此可知，空间数据的分块组织，与分层组织并不冲突，在 GIIUC 系统中，两种组织方式可以同时存在。

除影像数据之外，矢量数据及地形数据等空间数据，也可以进行分块组织，便于数据分发与维护，例如全国 1 : 100 万基础地理数据库，就是将全国区域划分为 77 个区块，每个区块为纬差 4°、经差 6°。在实际应用中，也常常为了制作各地区的系列专题地图，而将空间数据按照行政区划进行分块组织。

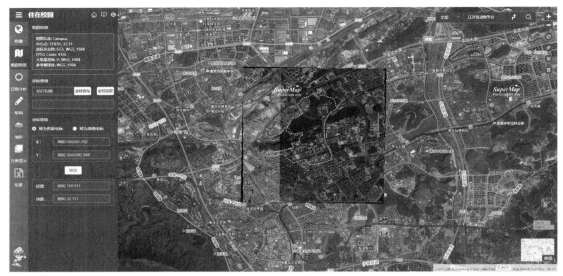

图 5-12　GIIUC 系统影像地图

问题 45　GIIUC 系统是如何组织道路数据的，这种组织的实现途径是什么？

我们经常会获得按图幅分块储存的数据，那么多个图幅同时在地图中显示时，会有缝隙吗？对跨图幅的同一地物查询时，会得到一条还是多条记录呢？请结合 GIIUC 系统的空间数据，查询学校的某一段道路，看看会查询到几个空间实体对象？GIIUC 系统是如何组织道路数据的，这种无缝组织属于哪种实现途径？

实验目的

理解空间数据的无缝组织方式及其应用。

问题解析

上述问题主要涉及对空间数据的无缝组织方式的理解。空间数据的无缝组织有三种实现方式，包括：几何无缝、逻辑无缝和物理无缝。

几何无缝是形式上的无缝，其实际的数据组织和存储仍然采用图幅或分块方式，跨图幅的要素（如道路、水系）在图幅或分块接边处还是断开的，如果进行查询和分析应用，获得的就是多条结果。

逻辑无缝是在几何无缝数据组织的基础上，对在分幅或分块边界处断裂的要素进行逻辑接边处理，例如在逻辑上建立跨越多个图幅或分块的各个地理要素的唯一标识，但它在物理存储上仍然分离，是物理有缝的，这将导致查询和分析的速度受到一定影响。

物理无缝数据组织则是在逻辑无缝数据组织的基础上，将若干个或全部图幅或分块的空间数据通过物理接边处理，使其合并为一个整体，从而使被分幅或分块割裂的各个地理要素不仅在逻辑上共享相同的对象标识符，也在物理上合并为同一个地理要素，并按单个要素进行组织和存储。

实验步骤

1. 查询校园道路数据

在 GIIUC 系统"住在校园"模块界面右上方的查询工具栏中输入"北区五号路"，点击查询按钮（ ），即可看到查询目标在地图中高亮并居中显示，同时在左侧的浮动框中，可看到查询结果。在查询结果列表中，分别点击两条记录"详情"按钮，这时系统将显示当前查询目标的属性信息和空间信息，2 条记录的 ID 属性（对象标识符）都为 2420021。

2. 观看学习视频

将光标移至界面左下角图娃图标（ ）上，在弹出的窗口点击"空间数据的无缝组织"右侧的图标（ ），观看视频。

通过视频的学习，可以了解到 GIIUC 系统中的空间数据是分别由四个小组分工采集的，划分为了四个图幅组织存储。将它们放到一幅地图中时，通常会存在图幅边缘处代表同一个地物的空间对象被分割成若干个对象的问题，例如校园水域数据（Water 数据集）中的饮露池、采月湖等，如图 5-13 所示。

GIIUC 系统通过 SuperMap iDesktop 软件将相同属性的相邻图斑融合成一个图斑，具体步骤包括：

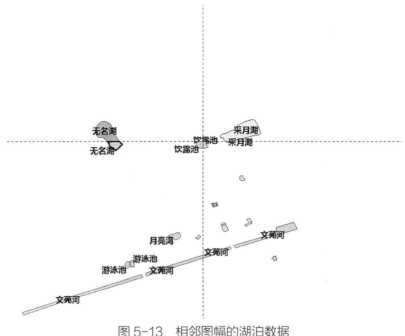

图 5-13 相邻图幅的湖泊数据

第一步，标识相邻图幅。根据四组校园分幅录入数据的横向、纵向顺序，将数据源"Group1"重命名为"NO.21"、数据源"Group2"重命名为"NO.22"、数据源"Group3"重命名为"NO.12"、数据源"Group4"重命名为"NO.11"。以此方法对相邻图幅进行编号，用于后续识别和检索相邻图幅。

第二步，整合相邻图幅数据。通过 GIS 软件的"批量追加行"操作，将"NO.22""NO.11"中的校园水域面（Water 数据集）都追加到数据源"NO.12"中。

第三步，合并相邻图斑。利用校园水域面（Water 数据集）的 name 字段来进行融合处理，将相同属性的两个或多个相邻图斑组合成一个图斑，即消除公共边界，并合并共同属性。

实验结果

GIIUC 系统对数据同时采用了逻辑无缝组织和物理无缝组织。

根据在 GIIUC 系统中的查询操作，我们知道查询"北区五号路"会得到两条查询结果。北区五号路属于逻辑无缝组织，在显示时看不到缝隙，但在查询时，部分数据会返回两条记录，这两条记录拥有同一个对象标识符，表示它们代表的是同一条道路；其他大部分道路、湖泊，以及建筑等对象则属于物理无缝组织，例如在视频中演示的校园水域数据，在图幅接边处，代表同一湖泊的面对象被不同图幅分割为多个图斑。针对该类数据，可利用 GIS 软件"数据融合"功能进行内业处理，将相同属性的相邻对象进行物理合并，使其合并为一个整体，如图 5-14 所示。

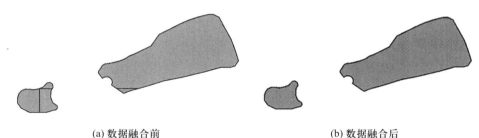

(a) 数据融合前　　　　　　　　　　　　(b) 数据融合后

图 5-14　相邻图斑合并（以 Water 数据集为例）

问题 46　请说出 GIIUC 系统电子地图中的比例尺与传统地形图比例尺的各自含义和意义。

当我们获取空间数据时，常常会看到空间数据附带了比例尺的说明，例如：1∶100万全国基础地理数据库、1∶25 万全国基础地理数据库；而我们在 GIIUC 系统中浏览地图时，也会看到当前地图的比例尺，并且随地图的缩放而变换。那么都是比例尺，这两类比例尺一样吗？如果不一样，两者有何区别？

实验目的

理解多尺度空间数据组织方式。

问题解析

通过对上述问题的思考，主要希望读者能够区分电子地图中动态显示的比例尺与传统地形图中比例尺的实际应用意义，从而在学习多尺度空间数据库的时候，能够准确理解其中涉及的比例尺的真正含义。

当制作国家基本比例尺地形图或普通电子地图时，都需要从宏观到微观，以不同的层次细节来刻画地理要素，这就要求建立多尺度或多比例尺空间数据库。

其中，构建多尺度空间数据库时，最常用的方式是按照各个制图比例尺分别构建对应的空间数据库，它是一种静态的多比例尺空间数据组织，这里提及的比例尺与查阅电子地图中所看到的显示比例尺意义不同。在静态多比例尺空间数据组织中，首先按照制图比例尺的不同，如国家基本比例尺地图的比例尺，从 1∶100 万到 1∶5 000，乃至城市的 1∶1 000 和 1∶500，依比例尺序列组织具有不同层次细节的空间数据，每种比例尺的空间数据单独建库或构成子库。前文举例的 1∶100 万全国基础地理数据库、1∶25 万全国基础地理数据库，是多尺度空间数据库的典型代表。

简而言之，在构建静态多比例尺空间数据库时，可以基于国家基本比例尺，来组织不同层次细节的空间数据。

实验步骤

在 GIIUC 系统"住在校园"模块，通过点击右上角的放大 / 缩小按钮或滑动鼠标滚轮，可以实现地图缩放，以浏览不同比例尺下的地图。

系统在地图窗口的右下方显示了直线比例尺。它以线段的形式标明了图上线段长度所对应的实际地面距离，其比例尺基本长度单位为 2 cm，根据直线比例尺上标识的地面距离，可计算当前的地图比例尺。例如，如图 5-15（a）所示，当前地图所对应的地面距离为 100 m，计算可知当前的地图比例尺为 1∶5 000；如图 5-15（b）所示，当前地图所对应的地面距离为 200 m，计算可知当前的地图比例尺为 1∶10 000。

实验结果

通过以上操作，我们知道，GIIUC 系统中的比例尺为当前地图的显示比例尺，反映的是地图在屏幕上的线段长度与实地地面距离的长度之比。在 GIIUC 系统中，采用的是直线比例尺，该比例尺的基本长度单位为 2 cm，如果该比例尺上显示 100 m，就表示图上 2 cm 对应实际 100 m，换算可知当前地图的显示比例尺为 1∶5 000。

电子地图显示比例尺与传统地形图比例尺的区别在于，电子地图显示比例尺是随着用户的缩放操作而变化的。而传统地形图比例尺是国家基本地形图采用的标准比例尺体系，

(a) 1∶5 000

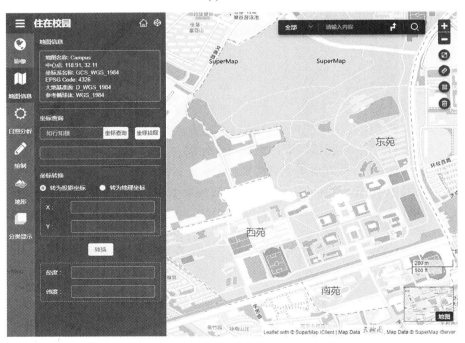

(b) 1∶10 000

图 5-15　影像图

是按照《国家基本比例尺地形图分幅和编号》（GB/T 13989—2012）执行的，不会随用户自身的缩放操作而改变。在多尺度空间数据库构建时，往往提及的比例尺只是传统地形图的标准比例尺体系。

问题 47 查看 GIIUC 系统中各矢量图层的属性信息，了解其数据组织方式。

在空间数据库中，空间数据表达的是地理实体的空间位置，以及它的属性特征两方面数据。在了解了空间数据分层、分块等组织方式以后，读者是否思考过属性数据是如何组织的，怎样的组织方式才能便于与图形数据协调工作？请基于 GIIUC 系统中各矢量图层的属性信息，了解其数据组织方式。

实验目的

了解空间数据属性数据组织方式。

问题解析

在不同的商业化软件中，属性数据的组织方式各不相同，主要有以下三种方式：

（1）与工作层对应的组织方式。一个工作区对应一个属性文件，属性文件建立在工作区目录下。ArcGIS 的属性数据组织就采用这种方式。

（2）与地物类对应的组织方式。根据地物分类来组织属性信息，为每类地物设计一张属性表。一个 GIS 软件工程下，不同工作区的同一类地物，其属性信息是存放在一起的，这样方便跨区查询。

（3）混合方式。既可以为每一类地物设计一张属性表，又可以对属性项相同或相近的多个地物类设计一张共用的属性表。

为了便于利用数据库对这些属性数据进行组织和管理，一般根据要素的不同，将各类属性按二维表进行数据组织，这样的形式有利于采用商业化数据库管理系统存储和管理属性数据，并采用结构化查询语言进行数据的查询、统计和分析。

实验步骤

在 GIIUC 系统的"住在校园"模块，点击"分类显示"选项卡，将鼠标移至界面左下角图娃图标（ ）上，在弹出的窗口点击"属性数据组织"右侧的图标（ ），观看视频。

1. 查看 GIS 软件中的属性信息组织

在 SuperMap iDesktop 中，查看 GIIUC 系统数据源，可看到每一个数据集都表达一类地物，并有对应属性表信息，例如：水域要素对应 Water 数据集，并通过数据集属性表管理水域名称、面积等属性信息。

2. 查看数据库中的属性信息组织

打开空间数据库，查看数据集对应的存储表，可以看到根据要素的不同，将地理要素

109

的属性数据按照二维表进行组织。一类地物对应一个数据集，一个数据集对应一张二维表，在数据库中进行组织与管理。

实验结果

通过视频演示我们知道，GIIUC 系统中主要采用的是"与地物类对应的组织方式"管理属性数据，即根据地物分类来组织属性信息。以每类地物的数据集为基础，将其属性信息与几何信息都统一通过一张二维表来进行组织管理，其中 Sm 开头的字段为系统字段，SmGeometry 字段管理几何信息，其他字段管理专题属性信息。所有专题数据及其属性信息均基于系统需求来确定，有些地物可以仅存储几何信息，不创建专题属性字段，例如表示校园边界的 Outline 数据集。

此外，经过前期的内业数据处理（如图幅拼接），已将不同分区下的相同地物类整合到了同一个数据集下进行管理，其对应的属性也同步组织在了一张属性表中，以方便属性信息的查询与更新。

5.5　空间数据管理

问题 48　GIIUC 系统中的关系数据库管理是如何实现的？

在 GIS 项目中，常常会使用关系数据库（如 Oracle、SQL Server、MySQL 等）存储数据，那么在 GIIUC 系统中是否可以采用关系数据库存储数据呢？如果可以，又如何对 GIIUC 系统中的数据实现关系数据库管理？

实验目的

（1）掌握关系数据库管理空间数据的基本准则。
（2）掌握关系数据库入库操作方法。

问题解析

上述问题是关于关系数据库管理方式的问题。不同于传统的文件 – 关系数据库混合管理方式，关系数据库管理是借助关系数据库，对图形数据与属性数据进行统一的存储和管理。其中，属性数据是定长记录，但图形数据是变长记录。对于图形数据的变长部分，通过 binary 二进制块字段进行存储，是目前常用的处理方法。例如，Oracle 的 long raw 数据类型、Informix 的 BLOB 数据类型，都可以存储二进制数据。

实验步骤

在 GIIUC 系统的"住在校园"模块，点击"分类显示"选项卡，将光标移至界面左下角图娃图标（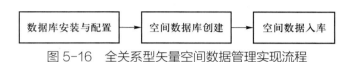）上，在弹出的窗口点击"全关系型数据库管理"右侧的图标（），观看视频。

基于 GIIUC 系统的矢量空间数据，采用关系数据库管理方式对空间数据进行组织和管理，主要包括三个关键步骤，如图 5-16 所示。

数据库安装与配置 → 空间数据库创建 → 空间数据入库

图 5-16　全关系型矢量空间数据管理实现流程

1. 数据库安装与配置

在创建空间数据库之前，需要提前安装并配置关系数据库，可以选择安装数据库的服务端或客户端，并保证数据库服务为启动状态，具体步骤可参考数据库方面的技术书籍，这里不再赘述。

2. 空间数据库创建

利用 GIS 软件创建数据库型数据源，选择数据库类型，并输入新建数据库型数据源的必要信息（如用户名称、用户密码、数据源别名等），完成空间数据库创建（图 5-17）。

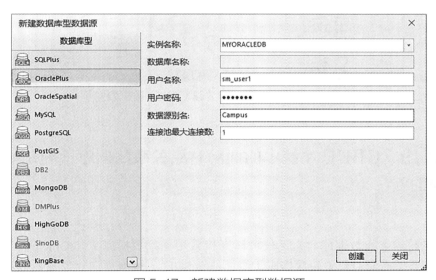

图 5-17　新建数据库型数据源

3. 空间数据入库

利用 GIS 软件将 GIIUC 系统中的矢量空间数据输入关系数据库中存储，这种操作称为入库。入库方式有两种：① 从其他类型的数据源（如 UDB 数据源）复制数据到数据库型数据源（如 Oracle 数据源）；② 将交换格式的数据（如 SHP、MIF、DWG 等）导入数据库型数据源。

实验结果

通过观看演示视频我们知道，采用关系数据库管理的 GIIUC 系统矢量空间数据，主要通过 GIS 软件在关系数据库上创建空间数据库，然后将矢量空间数据通过导入或复制的方式，输入该空间数据库中完成存储管理。

空间数据库的创建和入库工作主要由 GIS 软件来完成，数据库仅作为存放空间数据的容器。如图 5-18 所示，同一要素的属性数据和图形数据都统一管理在一张数据表中，其中，变长结构的图形数据，通过 binary 二进制块字段进行存储。

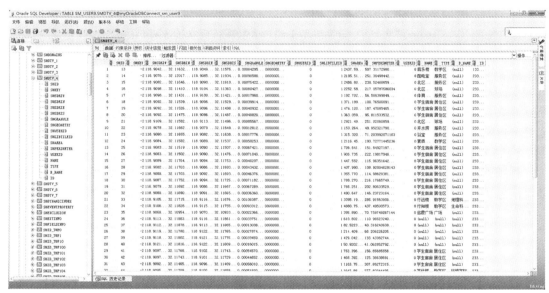

图 5-18　空间数据存储表（以 Oracle 数据源为例）

问题 49　GIIUC 系统中的面向对象关系数据库管理是如何实现的？

我们在创建空间数据库时，不仅可以直接采用关系数据库（如 Oracle）存储空间数据，还可以选择面向对象关系数据库（如 PostgreSQL），那么面向对象关系数据库是如何实现空间数据存储的？请通过 GIIUC 系统中的数据来探寻面向对象关系数据库管理的实现方法。

实验目的

（1）掌握面向对象关系数据库管理空间数据的基本准则。
（2）掌握面向对象关系数据库入库操作方法。

问题解析

对于空间数据来说，既可以选用关系数据库管理，也可以选用面向对象关系数据库管理。其最大的不同在于变长结构的空间几何数据的处理方法不同。

当前，关系数据库较为常见的处理变长的几何数据的方法是将其处理成 binary 二进制块字段。这种方式的缺点是读写效率比定长的属性字段慢得多。

为了能直接存储和管理非结构化的空间数据，很多关系数据库管理系统对自身进行了扩展，推出了空间数据管理专用模块，定义了操纵点、线、面等空间对象的 API 函数。这些函数将各种中间对象的数据结构进行预先定义，在使用时必须满足它的数据结构要求，不能自行定义结构。这种管理机制就是前文提及的面向对象关系数据库管理。其中比较常见的数据库空间数据管理扩展模块有 Oracle Spatial、MySQL Spatial Extensions、PostGIS（PostgreSQL 的空间数据管理模块）。

实验步骤

在 GIIUC 系统的"住在校园"模块，点击"分类显示"选项卡，将光标移至界面左下角图娃图标（👧）上，在弹出的窗口点击"对象 – 关系型矢量数据库管理"（即面向对象关系数据库）右侧的图标（📹），观看视频。

基于 GIIUC 系统的矢量空间数据，采用面向对象关系数据库管理方式对空间数据进行组织和管理，主要包括三个关键步骤。

1. 数据库安装与配置

在创建空间数据库之前，需要提前安装并配置面向对象关系数据库，可以选择安装数据库的服务端或客户端，并保证数据库服务为启动状态，具体步骤可参考数据库方面的技术书籍，这里不再赘述。

2. 空间数据库创建

利用 GIS 软件创建数据库型数据源，选择数据库类型，并输入新建数据库型数据源的必要信息（如用户名称、用户密码、数据源别名等），完成空间数据库创建（图 5-19）。

3. 空间数据入库

利用 GIS 软件将 GIIUC 系统中的矢量空间数据输入面向对象关系数据库中存储。入库方式有两种：① 从其他类型的数据源（如 UDBX 数据源）复制数据到数据库型数据源（如 PostGIS 数据源）；② 将交换格式的数据（如 SHP、MIF、DWG 等）导入数据库型数据源。

实验结果

通过观看演示视频我们知道，采用面向对象关系数据库管理的 GIIUC 系统矢量空间数据，主要是在数据库（如 PostgreSQL）上创建空间数据库，然后将矢量空间数据通过导入或复制的方式，入库到该空间数据库中，通过数据库空间数据管理扩展模块（如 PostGIS）的几何字段对图形信息进行存储，如图 5-20 所示。

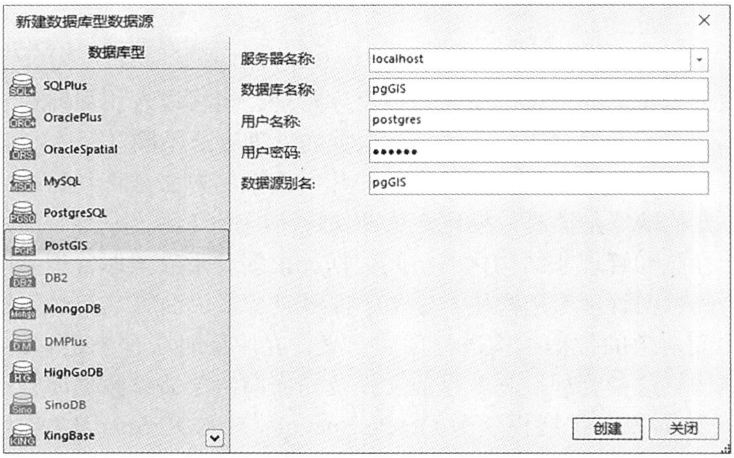

图 5-19　新建数据库型数据源

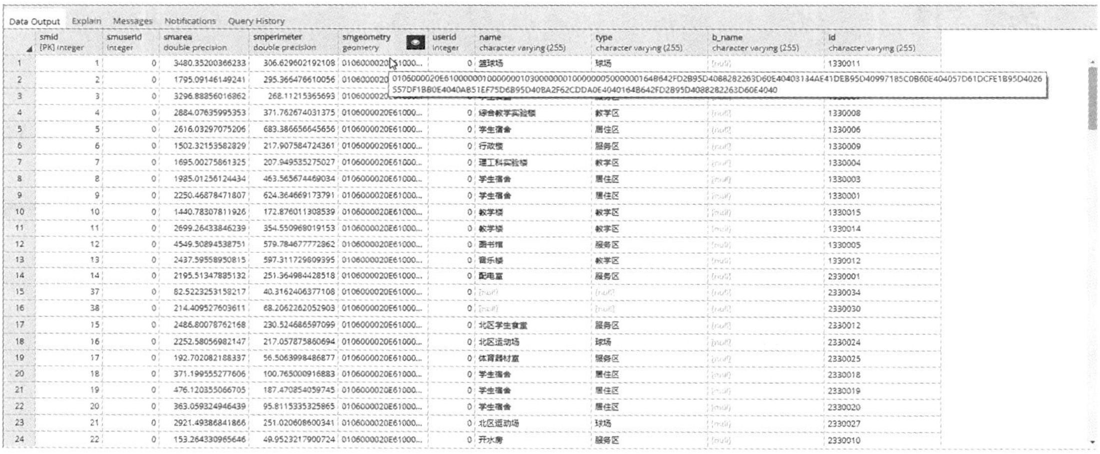

图 5-20　空间数据存储表（以 PostGIS 数据源为例）

　　面向对象关系数据库管理方式，是在数据库底层修改数据库结构，使得数据库支持矢量空间数据对象（如点、线、面）的存储，此外，还添加了对空间函数的支持，可以直接在数据库中就实现对空间对象的操作管理。例如判断两个几何对象之间的空间关系，获取两个几何对象间的距离，或者获取两个几何对象相交的部分等。但几何类型不能根据 GIS 的需求来定义，不能支持拓扑数据。关系数据库管理方式，则是由 GIS 厂商扩展空间数据结构的定义，提供了丰富的数据模型，实现多种空间对象的操作管理，例如点、线、面、网络数据、CAD（复合）数据模型、模型数据等。

问题 50　GIIUC 系统中的栅格数据是如何管理的？

　　影像数据信息丰富、覆盖面广，DEM 数据可以表现区域的地形起伏，广泛用于地理分析，因此在 GIS 项目中，也常常将影像数据、DEM 数据这类栅格数据作为背景影像与矢量数据叠加显示。读者是否思考过，空间数据库是如何对栅格数据进行管理的？ GIIUC 系统中是否采用了影像数据或地形数据？如果有，GIIUC 系统中的栅格数据又是如何管理的？

实验目的

（1）了解栅格数据管理方式。
（2）掌握栅格影像数据库的基本操作方法。

问题解析

上述问题是关于栅格数据管理方式的问题，其管理方式通常有三种：① 基于文件的影像数据库管理；② 文件结合数据库影像管理；③ 基于关系数据库管理。针对大范围的影像数据或地形数据，常用的是后两种方式。其中，文件结合数据库影像管理方式，并不是将影像数据存入数据库，数据库管理的只是索引，影像数据仍通过文件方式组织管理；而基于关系数据库管理的方式，是将影像数据直接存储在数据库的二进制变长字段中。

实验步骤

在 GIIUC 系统的"住在校园"模块，点击"影像"选项卡，将光标移至界面左下角图娃图标（🧑）上，在弹出的窗口点击"栅格数据管理"右侧的图标（📷），观看视频。以 GIIUC 系统的影像数据为例，了解 GIS 软件是如何基于数据库管理栅格数据的。

1. 查看栅格数据基本信息

在 SuperMap iDesktop 中，打开 PostGIS 数据源，查看 GIIUC 系统校园影像数据（campus_tif 数据集）的属性信息，例如栅格分辨率、行数、列数等，如图 5-21 所示。

2. 查看数据库表

在 PostgreSQL 客户端管理软件（如 pgAdmin）中，打开栅格数据注册信息表（smimgregister），如图 5-22 所示，查看图中 smdatasetname 字段值为 "campus_tif" 的记录，即 campus_tif 数据集对应的注册信息，其中记录了数据集的表名称、行数、列数等基本信息。

打开 campus_tif 数据集存储表，如图 5-23 所示，查看存储在二进制变长字段 smband1 中的影像数据。

图 5-21　影像数据集属性信息

	smdatasetId [PK] integer	smdatasetname character varying (64)	smtablename character varying (64)	smdatasettype smallint	smoption integer	smenctype integer	smpixelformat integer	smwidth integer	smheight integer	smeblocksize integer
1	23	campus_tifTier2	campus_tifTier2	88	4	0	24	3936	3840	256
2	24	campus_tifTier3	campus_tifTier3	88	4	0	24	1968	1920	256
3	25	campus_tifTier4	campus_tifTier4	88	4	0	24	984	960	256
4	22	campus_tifTier1	campus_tifTier1	88	4	0	24	7872	7680	256
5	26	campus_tifTier5	campus_tifTier5	88	4	0	24	492	480	256
6	27	campus_tifTier6	campus_tifTier6	88	4	0	24	246	240	256
7	21	campus_tif	campus_tif	88	4	0	24	15744	15360	256

图 5-22　栅格数据注册信息表

实验结果

通过观看演示视频，我们了解到栅格数据是分块存储在数据库的二进制变长字段中的，例如 PostgreSQL 数据库中 bytea 类型的字段。栅格数据存储表的名称，则记录在栅格数据注册信息表（smimgregister）的 smtablename 字段中。GIIUC 系统的校园影像数据和地形数据，都是导入空间数据库中，基于数据库来存储管理的。由于数据库本身具有良好的安全措施、数据恢复机制和网络通信机制等优势，因此这类管理方式仍在实际应用中占有重要地位。

	smrow integer	smcolumn integer	smsize integer	smband1 bytea
3711	59	52	16777472	[binary data]
3712	59	53	16777472	[binary data]
3713	59	54	16777472	[binary data]
3714	59	55	16777472	[binary data]
3715	59	56	16777472	[binary data]
3716	59	57	16777472	[binary data]
3717	59	58	16777472	[binary data]
3718	59	59	16777472	[binary data]
3719	59	60	16777472	[binary data]
3720	59	61	8388864	[binary data]

图 5-23　数据集存储表

此外，GIS 软件还提供了一种"文件+数据库"的方式来管理栅格数据。这类方式只会在空间数据库中建立索引，并在镶嵌数据集中记录栅格文件的路径、轮廓、分辨率等信息，需要显示时才会加载所需的栅格文件。相较于将栅格数据全部入库的传统管理方式，这类方式更适合管理大规模（如全国范围）的栅格数据，实现快速访问海量栅格文件的拼接效果，如图 5-24 所示。

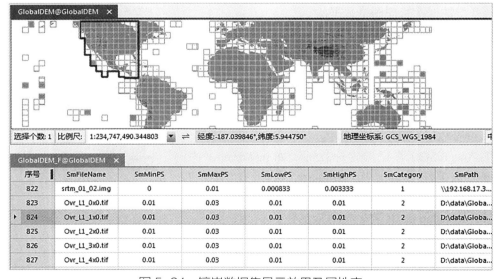

图 5-24　镶嵌数据集显示效果及属性表

问题 51　请说出 GIIUC 系统是如何与数据库交互实现对空间数据的查询、显示、分析、处理的。

通过前面的学习，我们了解到空间数据可以在关系数据库、面向对象关系数据库等数据库中存储与管理。而对空间数据的显示、查询及编辑等操作通常是基于 GIS 应用系统或者 GIS 软件来实现的，读者是否思考过，为什么不直接操作空间数据库？可不可以直接基于 GIS 应用或者 GIS 软件实现对空间数据的读取、显示，以及编辑等操作？请结合 GIIUC 系统及其对应的空间数据库描述其原理。

实验目的

（1）理解空间数据库引擎的概念。
（2）能够使用 GIS 软件与空间数据库进行数据管理操作。

问题解析

要回答上述问题，首先要理解空间数据库引擎的概念，然后了解当前空间数据库引擎的主要方式。

空间数据库引擎就其实质而言，主要是为了解决存储在关系数据库中的空间数据与应用程序之间的数据接口问题。它相当于在日常生活中我们使用的手机充电器，就是手机与插座之间的一个中介，一端的接口可以与插座的三叉口对接，另一端的接口可以与手机充电口对接，从而实现电量源源不断地充入手机电池。空间数据库引擎可以将空间数据按照数据库的数据结构存储与管理，从而成为 GIS 应用程序或者 GIS 软件进行空间数据操作的一座桥梁。

目前空间数据库引擎主要有两种方式：①"中间件"方式的空间数据库引擎；②"嵌入式"的空间数据库引擎。其中，第一种方式是由 GIS 软件厂商进行开发，以数据库为存储容器，通过空间数据库引擎将空间数据和属性数据一体化存储到数据库中，空间数据库引擎则作为空间数据出入该容器的转换通道，通过该引擎对数据进行管理和操作，常见的"中间件"方式的空间数据库引擎有 SuperMap SDX+、ArcSDE；第二种方式是由数据库厂商开发，在数据库上进行扩展，开发出支持空间数据管理的专用模块，例如 Oracle Spatial、PostGIS。

实验步骤

在 GIIUC 系统的"住在校园"模块，点击"分类显示"选项卡，将光标移至界面左下角图娃图标（🧑）上，在弹出的窗口点击"空间数据库引擎"右侧的图标（🎬），观看视频。以 GIIUC 系统的水域数据为例，了解 GIS 软件是如何对空间数据进行管理的。

117

1. 几何对象编辑

在 SuperMap iDesktop 中，打开 PostGIS 数据源，对 GIIUC 系统的水域数据（Water 数据集）进行数据编辑，删除一个水域面对象，如图 5-25 所示。

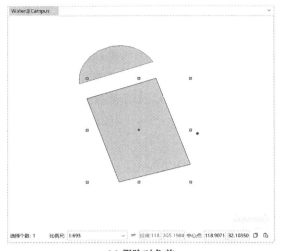

(a) 删除对象前　　　　　　　　　　　　(b) 删除对象后

图 5-25　几何对象编辑

2. 查看数据库表

在 PostgreSQL 客户端管理软件（如 pgAdmin）中，打开水域数据存储表（Water），点击 smgeometry 字段旁的按钮（ ◉ ）查看几何对象，如图 5-26 所示，编辑操作已同步更新到数据库中。

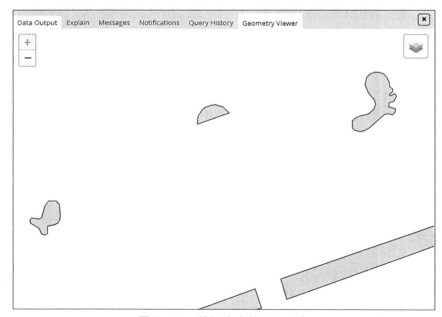

图 5-26　数据库中的几何对象

实验结果

空间数据库引擎提供了一种通用的访问机制（或模式）来访问存储在空间数据库里的数据。以 SuperMap SDX＋引擎为例，可将其分为：数据库引擎、文件引擎和 Web 引擎，分别访问文件型数据源（如 UBDX）、数据库数据源（如 Oracle、PostGIS），以及各类服务（如 WMTS 服务）。

在 GIIUC 系统中，主要采用了数据库引擎和 Web 引擎。例如，通过数据库引擎对 PostGIS 数据源中的数据进行几何信息、属性信息的输入与编辑；通过 Web 引擎访问天地图服务，将其作为底图，显示在校园电子地图中。

除了提供数据的入库与访问，空间数据库引擎还能够高效地对数据进行索引维护、追加、更新、删除等操作，能够按属性条件或空间位置条件来对数据进行属性查询和空间查询，例如在 PostGIS 数据源中，可以直接通过 SDX＋for PostGIS 引擎，对接 PostGIS 函数来实现空间数据的高效编辑与检索，提升 GIS 系统的响应效率。

总的来说，空间数据库引擎作为空间数据与空间数据库之间的桥梁，实现了对空间数据的入库、存储、索引和维护等能力。基于此，在空间数据库中，不需要用户对数据库中的表进行任何操作，直接使用 GIS 软件即可完成数据管理与操作。

5.6 空间数据检索

问题 52 GIIUC 系统的空间索引如何看到，采用的是哪种空间索引方法？

当 GIS 项目中涉及海量空间数据检索时，常常需要提前为该数据创建空间数据索引，以提高其检索效率，那么 GIIUC 系统中是否创建了空间数据索引？如果是，GIIUC 系统的空间索引如何看到，采用的是哪种空间索引方法？

实验目的

（1）了解空间数据索引的意义及算法。
（2）能够运用 GIS 软件对空间数据创建合适的空间索引。

问题解析

回答上述问题，关键是需要理解空间数据索引及其主要的方法。

空间数据索引介于空间操作算法和空间对象之间，是一种辅助性的空间数据结构。通过索引的筛选，大量与特定空间数据操作无关的空间对象得以排除，从而提高空间数据操作的速度和效率。比较有代表性的空间数据索引类型有 R 树索引、四叉树索引、动态索引（多级格网索引）和图库索引（三级索引）。其中，R 树索引是空间数据索引结构中一种重要的层次结构，目前已成为许多空间索引方法的基础，不少前沿的空间索引都使用了 R 树或者改良后的 R 树。其构建思想是以 N 个外接矩形（rectangles，R）递归地对 N 个实体进行划分，它不仅利用单个实体的外接矩形，还将空间位置相近的实体的外接矩形重新组织为一个更大的虚拟矩形。在进行空间数据检索时，首先判断哪些虚拟矩形落入查询窗口内，再进一步判别哪些实体是被检索的内容，这样可以提高数据检索的速度。

实验步骤

在 GIIUC 系统的"住在校园"模块，点击"分类显示"选项卡，将光标移至界面左下角图娃图标（🧑）上，在弹出的窗口点击"空间数据索引"右侧的图标（📷），观看视频。以 GIIUC 系统的道路数据为例，了解 GIIUC 系统空间数据的空间索引创建与管理的全过程。

1. 空间数据入库与索引创建

将 GIIUC 系统的道路数据（RoadLine.shp 文件），导入 Oracle 数据源，导入数据时默认勾选"创建空间索引"，如图 5-27 所示。

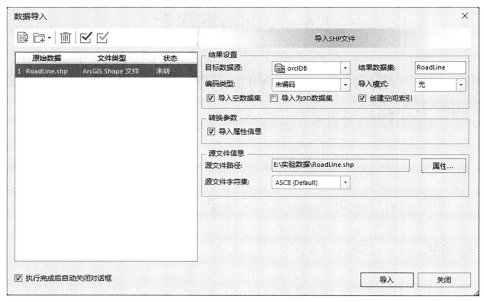

图 5-27　导入 SHP 文件

2. 空间索引管理

基于上一步入库的校园道路数据（RoadLine 数据集），利用 SuperMap iDesktop 的"空间索引管理"工具，可看到导入时已经为该数据集默认创建了"R 树索引"。若需要创建其他类型的索引，则可修改"待建索引类型"的参数设置选择相应的空间索引类型，如图 5-28 所示。

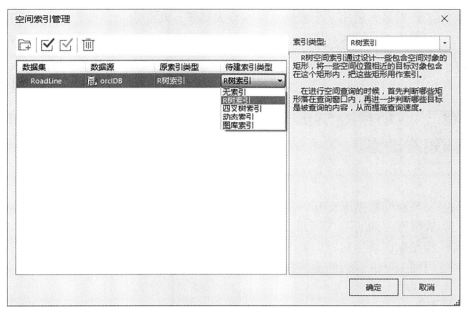

图 5-28 空间索引管理

在 Oracle 数据库的"SMREGISTER"表中，通过"SMINDEXTABLENAME"和"SMDATASETNAME"字段分别记录了索引表和数据表的名称。找到该表中 SMDATASETNAME 字段值为"RoadLine"的记录信息，查看道路数据的索引信息表，如图 5-29 所示。

图 5-29 SMREGISTER 表

实验结果

相较于传统数据，空间数据的数据量更大，结构更复杂，因此为了实现海量空间数据的快速检索，常常需要创建空间索引。通过观看 GIIUC 系统中的演示视频我们知道，采用 GIS 软件的数据导入工具或空间索引管理工具，可以对空间数据库（如 Oracle 数据源）中的数据实现空间索引创建与管理。例如，视频中 GIIUC 系统的道路数据（shp 文件），入库时即可创建 R 树索引，并通过数据库中"SMREGISTER"表的"SMINDEXTABLENAME"字段记录索引表名称。

空间索引的类型很多，只有合理地选择空间索引的类型，才能满足高效地检索海量空间数据的需求。本节的学习视频中采用的 R 树索引适用于静态数据或者有少量空间数据编辑的数据，例如用作底图的数据和不经常编辑空间对象的 GIS 数据；此外，常用的空间索引还有四叉树索引，适用于小数据量的高并发编辑；动态索引，具有很好的更新和并发操作能力，但数据冗余量大；图库索引，适用于静态数据，尤其是分幅存储的数据，不适合需要经常编辑的数据。

问题 53　请利用 SQL 查询食堂及其周边 100 m 范围内的校园建筑设施。

当我们要与空间数据库交互，获取需要的数据或者修改某一个数据的时候，SQL 往往能帮我们与数据库"沟通"。那么读者是否可以写出几个简单 SQL？比如查询 GIIUC 系统数据中哪栋楼是东区学生食堂？如果再复杂一些，与空间数据库进行空间关系的查询，比如查询食堂周围 100 m 以内的建筑物，又该如何构建 SQL 呢？

实验目的

（1）了解空间数据库查询语言的意义。
（2）掌握 SQL 处理空间数据的常用函数。

问题解析

要回答上述问题，首先要了解 SQL 的语法规则。记住这些语法规则，就可以和数据库打交道了，不管是查询、新增、更新，还是删除数据。

SQL 中最常用的功能是数据查询，只要是数据库存在的数据，总能通过适当的方法将它从数据库中查找出来。SQL 中的查询语句只有一个：SELECT。它可与其他语句配合完成所有的查询功能。SELECT 语句的完整语法，可以有 6 个子句。完整的语法如下：

SELECT 目标表的列名或列表达式集合

FROM 基本表或（和）视图集合

［WHERE 条件表达式］

［GROUP BY 列名集合］

［HAVING 组条件表达式］

［ORDER BY 列名［集合］…］

对于 GIS 而言，空间数据库应用必须能够处理点、线、多边形等复杂数据类型，因此，需要对 SQL 进行空间扩展，比如开放式地理信息系统（OGIS）协会提出一套标准，把二维地理空间 ADT（abstract data type，抽象数据类型）整合到 SQL 中，并包括指定拓扑的操作和空间分析操作，例如，Distance 命令可以返回两个空间对象之间的最短距离。

实验步骤

1. 通过 GIIUC 系统查询东区学生食堂

切换到 GIIUC 系统的"住在校园"模块，在界面右上角查询输入框中，输入"东区学生食堂"，点击查询按钮，查询结果显示在左侧浮动窗口中。

2. 在空间数据库中查询东区学生食堂

基于前面的查询结果，将光标移至界面左下角图娃图标（🧍）上，在弹出的窗口点击"空间数据库查询语言"右侧的图标（📽），观看视频。以 GIIUC 系统的矢量空间数据为例，在 PostGIS 空间数据库中使用 SQL 和空间函数实现查询。

（1）查询东区学生食堂。基于校园主要设施点（POIs 数据集），通过 Where 子句设置查询条件（name = ' 东区学生食堂 '）查找东区学生食堂的具体位置。构建的 SQL 如下：

SELECT * FROM public."POIs" a WHERE name = ' 东区学生食堂 '

（2）缓冲区与校园建筑设施空间关系查询。基于校园建筑设施数据（All_Building 数据集），利用 PostGIS 的 ST_Intersects() 函数，结合上一步构建的缓冲区，查找出与缓冲区具有相交关系的校园建筑设施。构建的 SQL 如下：

SELECT * FROM public."All_Building" b WHERE ST_Intersects（（SELECT ST_Buffer（a.smgeometry,0.001）FROM public."POIs" a WHERE name = ' 东区学生食堂 '），b.smgeometry）

实验结果

空间数据库既可以处理非空间数据也可以处理空间数据，因此人们自然希望能扩展 SQL 来支持空间数据操作。对 SQL 进行扩展，可以在一定程度上实现空间数据操作。

相对于一般 SQL，空间扩展 SQL 主要增加了空间数据类型和空间操作算子，以满足空间特征的查询。通过观看 GIIUC 系统中的演示视频我们知道，采用 SQL 扩展的空间函数，可以直接在数据库（如 PostgreSQL）中实现空间查询。

例如，查询 GIIUC 系统的空间数据中哪栋楼是东区学生食堂，以及该食堂周边 100 m 范围内的校园建筑设施，涉及校园主要设施点（POIs 数据集）和校园建筑设施数据（All_Building 数据集），采用 PostGIS 的 ST_Intersects() 函数，获得查询结果如图 5-30 所示。

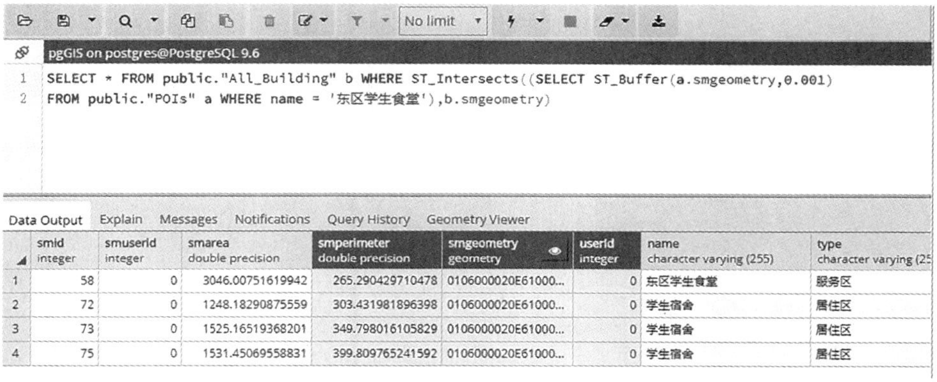

图 5-30　查询结果

　　除 了 视 频 中 使 用 ST_Intersects(geometry, geometry) 判 断 两 个 几 何 对 象 是 否 相 交，PostGIS 还 为 PostgreSQL 扩 展 了 许 多 空 间 操 作 函 数，例 如，函 数 ST_distance_sphere(point, point) 可 以 根 据 经 纬 度 计 算 两 点 在 地 球 曲 面 上 的 距 离，单 位 为 m，地 球 半 径 取 值 6 370 986 m；函 数 ST_max_distance(linestring, linestring) 可 以 测 量 两 条 线 之 间 的 最 大 距 离；等 等。

第6章　空间数据采集与处理

6.1　概　　述

本章主要基于《主教程》第 6 章"空间数据采集与处理"部分的内容，围绕数据源基本特征、数据采集、数据编辑与拓扑关系、数学基础变化、数据重构、图形拼接、数据压缩、数据质量评价与控制、数据入库等知识点，设计了 GIIUC 系统中的空间数据类型及其采集方法、GIIUC 系统中的空间数据编辑与处理、GIIUC 系统中的空间数据重构与拼接等 15 个相关实验问题，知识点与具体实验问题的对应详见表 6-1。通过本实验，读者将在掌握 GIIUC 系统空间数据组织与管理基础上，具备初步的空间数据采集与处理能力。

表 6-1　空间数据采集与处理实验内容

实验内容	实验设计问题
6.2　数据源分类	054　GIIUC 系统中有哪些类型的空间数据，其获取途径有哪些？
6.3　数据采集	055　请运用 GIIUC 系统数字化学校的教学楼、食堂、道路数据。 056　请说出校园路灯、行道树等数据的采集方法。 057　GIIUC 系统的校园数据的属性信息是如何获取的？ 058　请问将 excel 表格中的信息录入校园空间数据库中，该如何操作？ 059　请说出 GIIUC 系统图形数据与属性数据关联的方法。 060　请分析校园打卡数据中哪个字段包含了空间位置信息。
6.4　数据编辑与拓扑关系	061　请依据你所学的知识，说出校园数据的图形信息该如何检查。 062　请归纳校园空间数据的属性信息检查方法。 063　请说出 GIIUC 系统的道路数据应该如何检查。 064　通过拓扑构网的方法，构建校园道路网络，并检查其正确性。
6.5　数学基础变换	065　如果校园卫星影像有变形或者导入 GIS 软件后坐标不正确，那么该如何处理？ 066　如何将 GIIUC 系统的校园数据转换为统一的坐标系统？
6.6　数据重构	067　请问如何进行矢量和栅格数据的相互转换，若采集数据时获取的数据格式多样，则应该如何实现数据格式的统一。
6.7　图形拼接	068　请思考如何整合多个采集小组的校园数字化成果。

6.2　数据源分类

问题 54　GIIUC 系统中有哪些类型的空间数据，其获取途径有哪些？

或许有读者听过这样一句话：数据是 GIS 的血液。整个地理信息系统就是围绕着空间数据的采集、处理、存储、分析和表现而展开的。数据也是我们 GIS 工作者拥有的资本，那么我们就面临一些问题：构成地理信息系统的数据从何而来？有哪些不同的数据类型？如何高效、准确地获得空间数据？请读者结合 GIIUC 系统，思考其中有哪些类型的空间数据，它们是通过什么途径获取的？

实验目的

（1）了解 GIS 数据源的多种获取途径。

（2）能根据地理信息系统的应用需求，明确所需的资料并收集。

问题解析

本实验问题主要考察读者对空间数据来源及其采集方法的了解程度。空间数据的来源多种多样，按数据的获取方式可以将它们分为地图数据、遥感影像数据、实测数据和共享数据。

1. 地图数据

人们对 GIS 最初的认知大多来源于地图，各种类型的地图是目前 GIS 最常见的数据源。根据研究对象、应用部门和行业的不同，不同种类地图所表达的内容也不同。地图主要包括普通地图和专题地图两类，例如在自然资源部标准地图服务网站（网址可以通过搜索获得）及其链接的各省、自治区、直辖市标准地图服务网站上提供的基础要素地图，在地质云网站（网址可以通过搜索获得）上提供的各种类型的地质专题图。

2. 遥感影像数据

遥感影像数据可以快速准确地获取大面积、综合的各种专题信息，航天遥感周期性获取数据的特性为 GIS 提供了丰富的信息源。国内地理空间数据云网站上提供了各类卫星遥感数据，人们可以根据实际工作中的研究对象、精度要求等选择不同的数据。

3. 实测数据

各种野外实验或测量所得的数据可以通过转换进入 GIS 的空间数据库用于实时分析和进一步应用。例如 GNSS 点位和地籍测量数据等，这些实测数据具有精度高、现势性强的优点，可以根据系统需要灵活补充。

4. 共享数据

已有数据的共享也是 GIS 获取数据的重要来源之一，例如以上各来源数据的共享网站所提供的数据。但在利用这些数据时需要注意格式转换和数据精度，以及可信度等问题。

实验步骤

在 GIIUC 系统"住在校园"模块界面右侧"地图切换"选择框上悬停光标，将出现"地图""影像""地形"三个可选底图。

选择地图为底图，在地图浏览窗口可以看到二维电子地图，点击界面左侧的分层显示选项卡，可通过点击复选框控制兴趣点、居住区、教学楼、道路、运动场所、服务区、林地、草地、水域图层的显示与隐藏。

选择影像为底图，在地图浏览窗口中可以看到大区域的遥感影像图和校园影像图叠加显示。

选择地形为底图，在地图浏览窗口中可以看到栖霞区和校园区域的地形图叠加显示。

实验结果

查看地图浏览窗口中的影像，可以看出这是从空中摄影得到的数据，也就是遥感影像数据。GIIUC 系统中其他区域的遥感影像取自天地图国家地理信息公共服务平台（网址可以通过搜索获得），来源于卫星遥感数据；校园区域的遥感影像来源于无人机采集获取的数据。

查看地图浏览窗口中的电子地图，其他区域的地图来源于天地图国家地理信息公共服务平台；校园区域的地图可以通过分层显示选项卡控制图层的显示与隐藏，其中居住区、教学楼、道路、运动场所、服务区、林地、草地、水域图层来源于对校园影像数据的数字化成果，兴趣点图层来源于 GNSS 实测数据。

查看地图浏览窗口的地形数据，也就是我们常说的 DEM（数字高程模型），它是通过有限的高程数据实现对地形的数字化模拟。从数据源及采集方式来讲，建立 DEM 数据的方法有以下三种：① 直接从地面测量，可用 GNSS、全站仪等仪器获取高程数据；② 根据航天或航空影像，通过摄影测量途径获取；③ 从现有地形图上采集，利用数字化的方法获取高程点数据，进而通过空间内插的方法对地形进行数字化模拟。

6.3　数据采集

问题 55　请运用 GIIUC 系统数字化学校的教学楼、食堂、道路数据。

假设现在我们手上有一幅研究区域的高清影像图，想要通过对影像图的分析，获取这个区域内的河流面，再进行选址，那么河流区域应该怎么获取呢？再或者，如果我们需要对某城市的交通路况进行分析，需要用到路网数据，那么可以采用什么方法在地图上获取呢？请基于 GIIUC 系统的校园影像图，数字化学校的教学楼、食堂和道路数据。

实验目的

（1）掌握地图数字化的基本方法与流程。
（2）能够利用 GIS 软件实现空间数据矢量化工作。

问题解析

上文提及的问题主要涉及地图数字化录入的方法。在 GIS 中，地图数字化的方法有两种，即手扶跟踪数字化和扫描矢量化。扫描矢量化是最常用的一种。根据地图图幅大小，选择合适规格的扫描仪，对纸质地图扫描生成栅格图像，然后再经过几何校正，即可进行矢量化。其工作流程如图 6-1 所示。

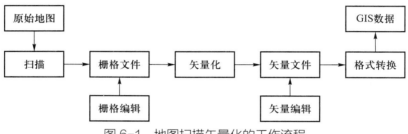

图 6-1　地图扫描矢量化的工作流程

人们通常使用的 GIS 软件如 ArcGIS、SuperMap、MapGIS、GeoStar 等，都可以对扫描所获取的栅格数据进行屏幕跟踪矢量化，并对矢量化结果数据进行编辑和处理。

实验步骤

切换到"住在校园"模块，点击左侧"绘制"选项卡，在绘制功能的面板中找到编辑区域，当前可支持的绘制功能包括：标注点◉、绘制线✎、绘制多边形◩、绘制矩形▢。

将光标移动到界面右下方地图切换窗口，在弹出的浮动窗口中选择"影像"，此时软件界面会切换到影像地图。

以影像地图为底图，对教学楼进行矢量化。在编辑区域中，选择绘制多边形◩，然后，将影像地图的教学楼缩放至轮廓清晰的范围，点击鼠标左键沿着教学楼的外围形状进行绘制。当绘制完成后，在左侧的图层列表中输入教学楼的名称"学明楼"即可，如图 6-2 所示。同理，对其他教学楼和食堂也进行相同的矢量化操作。

对教学楼兴趣点（POI）矢量化。仍旧以学明楼为例，为其添加学明楼兴趣点数据，在绘制面板的编辑区域中，选择标注点◉功能，对学明楼进行标注，在左侧的图层列表

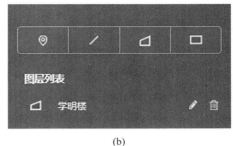

(a)   (b)

图 6-2   绘制教学楼

中输入教学楼的名称"学明楼"。同理，采取相同的操作对其他教学楼和食堂进行 POI 矢量化。

对校园道路进行矢量化。以金大路为例，根据校园资料，明确道路的位置，明确道路的走向，以及是否与其他道路交叉。然后在编辑区域中，选择绘制线 ✎ 的功能，从道路的起点方向沿着道路的走向进行绘制，绘制完成后，在左侧的图层列表中输入道路的名称"金大路"。

实验结果

基于校园的遥感卫星影像图希望获取校园矢量空间数据，需要采取地图数字化的方法，对目标地物：教学楼、食堂和道路进行矢量化，借助系统中的绘制功能、屏幕光标跟踪功能进行矢量化操作。本实验直接借助在线绘制功能实现空间数据的矢量化，在实际作业中，往往利用 GIS 桌面软件进行地图数字化的操作作业。

在校园范围的地图中，教学楼和食堂往往以面要素表达，同时作为学校的实体地物，也会辅以兴趣点要素来表达，道路则以线要素表示，不同地物类型需要采用对应的绘制工具完成作业。在完成绘制后，可以对当前绘制的对象进行样式编辑，将光标放置在绘制对象上，当其变成🖑的形状，点击左键，在弹出的编辑样式的对话框对几何对象进行样式修改。如图 6-3 所示，在对话框中对学明楼的颜色、面的透明度、边线颜色、边线样式、边线宽度和边线透明度进行设置。

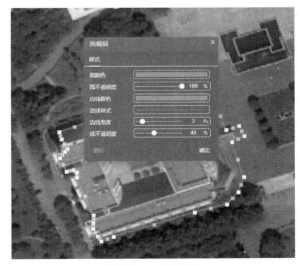

图 6-3   面编辑

问题 56　请说出校园路灯、行道树等数据的采集方法。

空间数据采集是 GIS 数据采集工作的重要组成部分。除了地图数字化的方式，在日常生活中，读者可能看到过利用测量仪器在实地采集数据的工作情景，它就属于野外数据采集的方式之一，并且在大比例尺地图数据获取中颇为重要。GIS 数据采集方式多种多样，请问读者还知道哪些空间数据采集的途径呢？请读者思考对校园中路灯、行道树等数据的采集使用哪种方式更合适。

实验目的

（1）了解空间数据采集方法，以及适用场景。

（2）能够结合实际应用选择合适的方法采集 GIS 数据。

问题解析

空间数据采集的方法主要包括野外数据采集、地图数字化、摄影测量方法和遥感影像处理等。野外数据采集是 GIS 数据采集的一种基础手段，通常用到的设备有全站仪和 GNSS（global navigation satellite system，全球导航卫星系统）等，如图 6-4 所示。采用在实地进行基础地理数据采集和处理的方式，对小范围、大比例尺数据的获取十分适宜。

野外数据采集包括两种模式：数字测记和电子平板测绘。简而言之，数字测记模式是指将实地测量数据记录在全站仪或 GNSS RTK

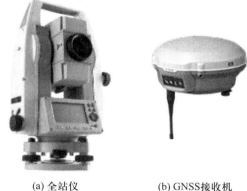

(a) 全站仪　　　　(b) GNSS接收机

图 6-4　采集设备

里，用草图记录绘图信息，在室内周期性地将测量数据导出到计算机，然后在计算机上制作成图。电子平板测绘模式是指"全站仪＋便携机＋测图软件"在实地进行数据采集与编辑，现场制作地图的作业方式。

针对卫星影像上无法辨识其精确位置的要素，可以采用外业采集的方式获取其空间位置和几何形态的关键点。在实际野外数据采集工作中，若无法使用全站仪和 GNSS 等专业测绘设备，并且在对测量精度要求不高的情况下，则可以利用就近原则选择在卫星影像上可以精确辨识的地物要素作为参考点，利用采集要素与参考点的空间关系定位。

实验步骤

以路灯采集为例，在 GIIUC 系统"住在校园"模块界面左侧点击"绘制"选项卡，在界面右下方的地图切换栏选择"影像"，切换到影像地图界面。

在校园卫星影像上选取距离路灯最近的建筑物的角点作为参考点（参考点 1、2），再通过实地测量计算该路灯与两个参考点的距离。工作时可以使用卷尺实地测量，按照一定的测量顺序，一人测量，另一人绘制草图，记录地物顺序号。在内业数据处理时，可根据外业采集结果，分别以两个参考点为圆心、路灯与参考点的距离为半径绘制圆，通过两个圆的交点确定路灯的空间位置，如图 6-5 所示。对于具有列状分布规律的路灯要素，在采集一列路灯的空间位置工作中，可以在确定第一个路灯的空间位置后，利用路灯间的间距和道路边界来确定该列其余路灯的具体位置。

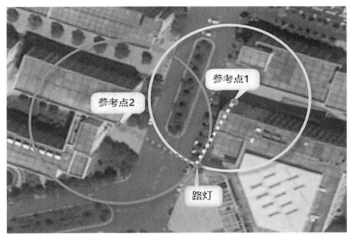

图 6-5　采集方法示意图

实验结果

浏览并观察校园影像图，其中校园路灯和行道树不能在影像上精确辨识位置，在没有专业测绘仪器的情况下可以考虑采用参考点利用空间关系确定路灯和行道树的具体位置，如探寻答案中所述步骤。在实地采集时，在纸质校园影像地图上标注待采集和能确定其空间位置的参考点，并记录各要素及其对应参考点的编号和距离。

问题 57　GIIUC 系统的校园数据的属性信息是如何获取的？

GIS 中的数据不仅要有空间位置，还要具备相应属性信息，例如一栋建筑物的名称、外墙材质、建筑高度等，一条道路的名称、道路等级、道路宽度等。这些属性数据能通过什么方式获得呢？请读者思考 GIIUC 系统的校园数据中教学楼、食堂、宿舍、道路、行道树、林地等数据的属性信息，比如名称、楼层、路宽、路灯高度、林地类型等，这些数据如何获取？

实验目的

（1）了解属性数据采集的一般方法。
（2）能够结合 GIS 项目需求制订属性采集的方案并实施采集。

问题解析

属性数据是空间实体的特征数据，一般包括名称、等级、数量、代码等多种形式，按其来源可以分为社会、环境、自然环境与能源这三大类。不同类型的属性数据可分别从国家各相关部门和机构，以及采用外业采集的方式获取。

属性数据采集的步骤是：首先调查工作区的整体情况，确定需要进行属性数据采集的要素。其次为了保证采集数据的一致性和完整性，需要为每一类要素设计编码规范。对于要直接记录到矢量数据文件中的属性数据，必须先对其编码。属性数据编码要基于系统性和科学性、一致性和唯一性、标准化和通用性、简捷性和可拓展性的原则。再次根据不同采集要素的特征，制订其属性采集的内容，并设计各要素的采集方法。最后开展野外数据采集工作，到工作区中实地观测、测量和咨询，记录采集结果。

实验步骤

GIIUC 系统中校园数据的属性数据采集步骤如下。
1. 确定采集要素
根据校园的整体情况，确定需要采集的要素包括：教学楼、食堂、宿舍、道路、行道树、林地。
2. 设计要素采集编码规范
（1）确定要素几何类型。将需要采集的校园空间对象划分为公共建筑设施、后勤保障设施和环境设施三种。各要素的数据类型和几何类型划分详情如表 6-2 所示。

表 6-2　要素类型与几何类型划分表

数据类型	要素类型	几何类型
公共建筑设施	教学楼	面
	食堂	面
	宿舍	面
	道路	线
后勤保障设施	行道树	点
	路灯	点
环境设施	林地	面

（2）设计要素编码。标识符唯一确定校园各要素中的具体对象。本次实验采用对象编

码的方法来生成每个对象的唯一标识符，标识符包括 7 位数，具体含义如图 6-6 所示，其中要素类型编码规则见表 6-3，几何类型编码规则见表 6-4。以第一小组采集的第一栋教学楼为例，其编码为"1330001"。

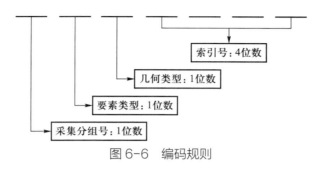

图 6-6　编码规则

表 6-3　要素类型编码规则

编号	要素类型
1	林地
2	路灯
3	建筑物
4	道路
5	行道树

表 6-4　几何类型编码规则

编号	几何类型
1	点
2	线
3	面

3. 确定采集内容和采集方法

根据校园各采集要素的基本特征，设计待采集的属性内容如表 6-5 所示。在设计采集方法时，对于距离测量，若距离较短则直接采用卷尺或皮尺测量，若距离较长则采用分段的方式测量；对于路灯的高度，由于路灯一般比较高，不便测量，因此可以借助参考物体与路灯的高度比及两者影子的长度比，利用相似三角形的原理计算出路灯的高度，计算方法如图 6-7 所示。

表 6-5　外业数据采集内容

采集要素	采集内容
教学楼	名称、所属院系、楼层、备注
食堂	名称、楼层、备注

续表

采集要素	采集内容
宿舍	名称、楼层、备注
道路	名称、路宽、道路类型、备注
行道树	树种类型、维护时间、备注
路灯	材料类型、是否损坏、高度、备注
林地	林地类型、备注

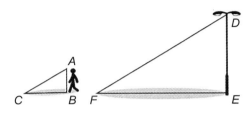

图 6-7　路灯高度测量方法

路灯高度（DE）：学生身高（AB）＝路灯影长（EF）：学生影长（BC）

4. 野外实地采集并记录采集结果

到校园中——进行实地观测、测量和咨询，将观测值、测量值或收集到的信息填入相应要素属性采集内容表。以第二组路灯要素的属性数据采集为例，采集结果如表 6-6 所示。

表 6-6　路灯要素属性数据采集结果

ID	材料类型	是否损坏	高度 /m	备注
2210001	镀锌钢材	否	4.2	无
2210002	镀锌钢材	否	4.2	无
…	…	…	…	…

实验结果

正如上文中的操作步骤所述，GIIUC 系统中校园数据的属性数据采用外业采集的获取方式，按照属性数据外业采集工作流程进行。首先，确定校园中待采集要素和要素几何类型；其次，为采集要素设计编码规范，并明确每一类要素的编码；再次，确定采集内容，并从空间位置和几何形态、距离和高度、属性等方面设计采集方法；最后，实施采集方案并记录采集结果。读者可以自己动手实践一下。

问题 58　请问将 excel 表格中的信息录入校园空间数据库中，该如何操作？

通过野外数据采集的方式可以获得空间实体的属性信息，这些信息通常被整理并录入 excel 表格。另外，官方统计及年鉴资料等重要的 GIS 属性数据来源，同样时常以表格的形式呈现。那么这些属性表格数据的数字化录入工作应该如何开展呢？ GIIUC 系统在采集校园数据的属性信息时，将采集内容录入 excel 表格，请读者思考将 excel 表格中的信息录入校园空间数据库，该如何操作。

实验目的

掌握利用 GIS 软件录入属性数据的操作方法。

问题解析

解决本实验问题的关键点是如何将外业采集或者通过第三方渠道获取的属性数据录入空间数据库。在 GIS 中，属性数据的内容有时直接记录在栅格或矢量数据文件中，有时则单独输入数据库存储为属性文件，通过关键码与图形数据相关联。单独输入数据库存储的属性文件为纯属性数据，如果要使我们获得的 excel 表格数据能在 GIS 中运用，就需要利用 GIS 软件的相关功能将 excel 表格录入空间数据库中作为纯属性数据进行管理。

实验步骤

在 GIIUC 系统的"住在校园"模块，点击"绘制"选项卡，将光标移至界面左下角图娃图标（🧑）上，在弹出的窗口点击"属性数据录入"右侧的图标（🎥），观看视频。

以 excel 表格中记录的校园要素属性信息（如道路宽度、道路类型等属性）为基础，利用 SuperMap iDesktop 软件中提供的"导入数据集"功能，将 excel 表格文件导入 udbx 文件中成为纯属性数据集。

1. 确定需要导入空间数据库的属性字段

以道路要素的属性数据为例，我们需要道路的编码、宽度、名称，以及道路类型这四个属性信息，打开第一小组道路要素属性信息外业采集表格，确定所需属性信息对应的字段分别为 ID、width、Name、Type。

2. excel 表格导入

利用 SuperMap iDesktop 软件中的"导入数据集"功能，将 excel 表格文件导入数据源中成为纯属性数据集。如图 6-8 所示，以导入第一小组外业属性数据采集 excel 表格为例。在参数结果设置中确定导入的目标数据源为现有数据源"Group1"并设置结果数据集名称；转换参数勾选"首行为字段信息"，导入后的字段名称为首行的字段值，否则为属

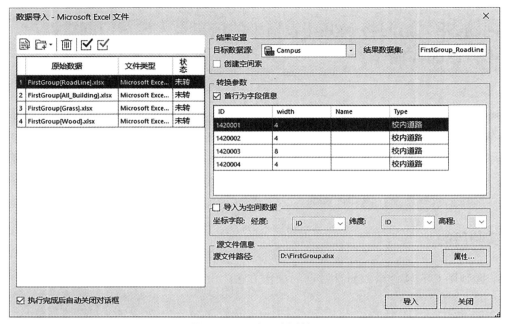

图 6-8　导入属性数据

性信息；这里道路要素如果没有坐标字段就不勾选"导入为空间数据"，若 excel 表格中有坐标字段，则这里可勾选"导入为空间数据"并选择坐标字段；完成参数设置后，点击"导入"，将 excel 表格导入校园空间数据库中。

3. 导入结果字段类型检查

在 excel 表格导入后需检查数据的规范性。以道路要素为例，为方便后续数据分析和制图，设置"ID"字段类型为文本型、"width"字段类型为 32 位整型、"Name"和"Type"字段类型为宽字符，如图 6-9 所示。

	名称	别名	类型	长度	必填	缺省值
1	*SmID	SmID	32 位整型	4	是	
2	SmUserID	SmUserID	32 位整型	4	是	0
3	ID	ID	文本型	255	否	
4	width	width	32 位整型	4	否	
5	Name	Name	宽字符	255	否	
6	Type	Type	宽字符	255	否	

图 6-9　道路要素属性字段类型设置

实验结果

通过观看演示视频，我们知道可利用 GIS 软件 SuperMap iDesktop 将整理好的校园数据属性信息录入校园空间数据库中。其操作步骤是：首先，需要根据项目需求确定需导入空间数据库的属性字段；然后，利用软件提供的数据导入功能将 excel 表格导入现有的空间数据库中；最后，为了避免在数据采集或录入时出现属性值的字段格式问题而导致在图形属性关联时出现错误，需检查导入的纯属性数据集中各字段类型是否正确。

问题 59　请说出 GIIUC 系统图形数据与属性数据关联的方法。

通过地图数字化和野外数据采集的方式可以获取 GIS 中的图形和属性数据，它们都分别存储在 GIS 软件中，我们希望在查询某个空间对象时既能看到它的图形数据，又能获得它的属性信息，这就需要通过一定的方式将图形数据与属性数据关联起来。请读者思考 GIIUC 系统的校园数据是如何将图形数据与属性数据关联在一起的，你能想到几种方法？

实验目的

（1）理解空间数据的图形数据与属性数据在 GIS 软件中的组织形式。
（2）掌握图形数据与属性数据一体化存储的操作方法。

问题解析

外业采集的属性数据和互联网获取的统计数据表格一般都和一定范围内的统计单元或观测点联系在一起，因此为了方便利用属性表中的数据进行查询分析和制图，需要把图形数据与属性数据关联起来。

在实际工作中，为了保证各要素中的图形数据和属性数据一致，需要定义图形数据集中的唯一标识符（ID）和纯属性表数据中的唯一标识符（ID），并且需要保证同一对象在这两处的唯一标识符（ID）相同，然后通过唯一标识符（ID）来实现要素的图形数据和属性数据相关联。

实验步骤

在 GIIUC 系统的"住在校园"模块，点击"绘制"选项卡，将光标移至界面左下角图娃图标（🧍）上，在弹出的窗口点击"图形属性一体化"右侧的图标（🎥），观看视频。

利用 GIS 软件 SuperMap iDesktop 将 GIIUC 系统中校园数据的图形数据和属性数据关联起来，可以通过以下方式实现。

1. 追加列

利用"追加列"功能，在"数据集追加列"的对话框中，目标数据源选"Group1"，数据集为"RoadLine"，连接字段为"ID"；源数据选择数据源为"Group1"，数据集为"FirstGroup_RoadLine"，连接字段为"ID"；追加字段选择需要添加到图形数据的属性字段"width""Name""Type"。进行关联后的道路要素属性表如图 6-10 所示。

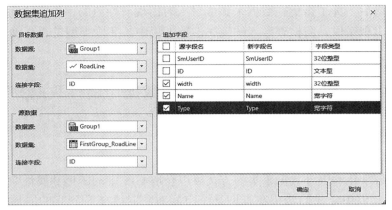

(a) 对话框

序号	SmUserID	width	Name	Type	ID
1	0	28	龙舟路	次要道路	1420007
2	0	24	学林路	次要道路	1420024
3	0	4		校内道路	1420002
4	0	8		校内道路	1420003
5	0	4		校内道路	1420004
6	0	4	青草路	校内道路	1420006
7	0	4	花园路	校内道路	1420012
8	0	4		校内道路	1420011
9	0	6	松山路	校内道路	1420014
10	0	10	博学路	校内道路	1420009
11	0	4		校内道路	1420001
12	0	4		校内道路	1420005
13	0	10	博学路	校内道路	1420008
14	0	4		校内道路	1420010
15	0	4		校内道路	1420020
16	0	4		校内道路	1420025

(b) 属性表

图 6-10　属性追加列（以道路要素为例）

2. 设置连接表

在 SQL 查询窗口选择"RoadLine"并点击"设置关联字段"按钮，在连接表设置窗口中将外接表设置为道路要素纯属性表数据"FirstGroup_RoadLine"；将本表字段设置为道路要素图形数据的唯一标识符（ID）；将外接表字段设置为道路要素纯属性表数据的唯一标识符（ID）；自动生成关联表达式"RoadLine.ID＝FirstGroup_RoadLine.ID"；连接类型选择"左连接"，表示连接后有效的记录数与源数据集相同，可用的字段值为源数据集中所有字段值，以及关联数据集中所有相匹配的字段值，设置情况如图 6-11 所示。

设置好连接表后就可以实现图形数据和纯属性表数据的关联查询。如图 6-12 所示，参与查询的数据设置为"RoadLine"，利用关联的纯属性表数据中道路类型字段，设置查询条件 FirstGroup_RoadLine.Type＝"校内道路"，关联查询结果为道路图形数据中所有的校内道路。

图 6-11   连接表设置（以道路要素为例）

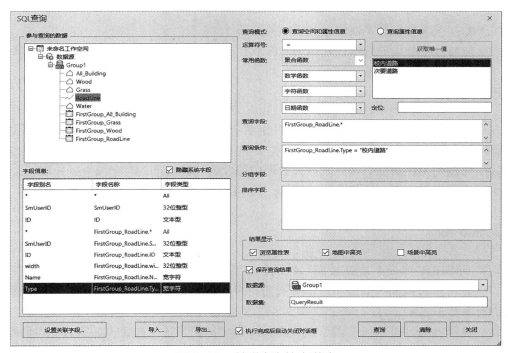

图 6-12   关联查询校内道路

实验结果

通过观看 GIIUC 系统中关于图形属性一体化的演示视频，读者能了解到利用 SuperMap iDesktop 软件将校园空间实体的图形数据和属性数据关联起来有两种方式：第一种方式是利用软件提供的"追加列"功能，通过唯一标识符（ID）连接，将纯属性表数据作为源数据追加到图形数据的要素属性表这个目标数据中；第二种方式是利用"设置连接表"功能通过关联字段（ID）实现图形数据和纯属性表数据的关联查询。

问题 60　请分析校园打卡数据中哪个字段包含了空间位置信息。

大数据是信息爆炸时代所产生的海量数据，绝大多数的大数据都需要并且可以与地理时空数据融合。例如，广州每日新增城市交通运营数据记录达 12 亿条以上，数据量达到 150～300 GB；淘宝网每天交易数千万笔，约 20 TB 数据含有物流位置信息。读者最熟悉的校园卡，其打卡数据同样也是大数据。在 GIIUC 系统中查看校园卡打卡数据，请读者分析该数据中哪个字段包含了空间位置，这样的表单该如何与校园空间数据关联。

实验目的

（1）掌握空间数据与属性数据关联的关键条件。
（2）能够分析收集的资料，并运用 GIS 软件的工具实现空间数据与属性数据关联。

问题解析

在数据采集阶段获取的数据往往不一定带有显性的空间位置信息，比如互联网大数据、移动互联网大数据、物联网大数据。它们往往带有隐含的地理位置信息，但是这些数据包含了海量的属性信息。如何发现大数据中隐含的位置信息，与空间数据关联，去感知大数据带给我们的信息，比如道路拥堵等，是本节实验希望读者掌握的内容。

实验步骤

切换到 GIIUC 系统"吃在校园"模块，在界面左侧点击"打卡"选项卡。在左侧操作窗口选择打卡数据的时间段，点击"查看打卡数据"按钮，如图 6-13 所示，查看对应时段的打卡数据表。

在"校园各分区打卡统计图"操作区，点击"制图表达"按钮，如图 6-14 所示，查看所选打卡时段校园各区域校园卡打卡数统计图。

图 6-13　查看打卡数据

图 6-14　校园各区打卡统计图操作界面

实验结果

校园卡打卡数据属于物联网大数据。在 GIIUC 系统的空间数据库中存储了校园卡 2018 年部分学生的打卡消费记录，总计约 26 万条。通过 GIIUC 系统可以查询 2018 年任意时间段的打卡数据，如图 6-15 所示。

打卡数据表中"打卡餐厅"和"打卡档口"两个字段都包含了空间位置信息。可利用这两个字段与校园餐厅和档口所在空间位置数据进行连接，从而进一步展开更高效、准确、科学的空间大数据分析。例如在选定分析时段后，基于打卡表格数据和校园分区的空间位置数据制作校园各分区打卡数统计图，如图 6-16 所示，利用分段专题图的表达方法展示，可分析在选定时间段内校园各分区餐厅的就餐热度。

打卡餐厅	打卡档口	打卡时间 ⇕
西区二食堂	362#	2018-09-18 18:47:00
西区二食堂	362#	2018-09-18 13:02:00
西区二食堂	362#	2018-09-18 12:45:00
西区二食堂	362#	2018-09-18 12:26:00
西区二食堂	362#	2018-09-18 12:17:00
西区二食堂	362#	2018-09-18 11:58:00
西区二食堂	362#	2018-09-18 11:58:00
西区二食堂	362#	2018-09-18 11:46:00
西区二食堂	362#	2018-09-18 11:36:00

图 6-15 打卡数据表

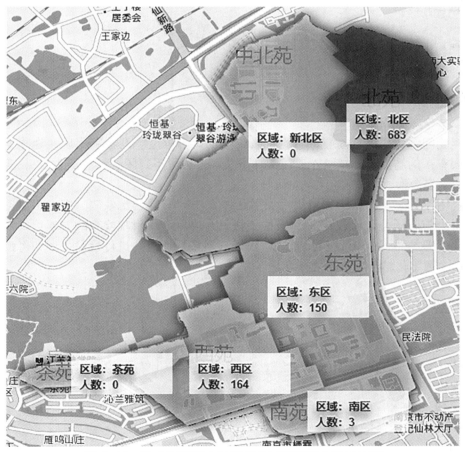

图 6-16 选定时间段内校园各分区餐厅打卡数统计图

6.4　数据编辑与拓扑关系

问题 61　请依据你所学的知识，说出校园数据的图形信息该如何检查。

地图数字化是 GIS 初学者必修的实践操作。基于一幅纸质地图或卫星影像图获得矢量数据往往需要通过人工绘制的方式。但由于多种原因，在数据采集和绘制的过程中不可避免地存在各种错误，这些错误会给空间分析带来较大影响。请问读者在地图数字化过程中遇到过哪些错误？通过什么方式检查？是如何解决的？在 GIIUC 系统中数字化校园的各种信息都是人工绘制的，误差在所难免，依据你所学的知识判断应该如何检查校园的图形信息。

实验目的

（1）了解数字化后的空间数据经常出现的错误。
（2）掌握空间数据质量检查的常用方法。

问题解析

本实验问题主要考察对空间数据检查方法的掌握程度。在数字化后的地图上经常出现的错误有：伪结点；悬挂结点（过头、不及、多边形不封闭、结点不重合）；碎屑多边形；不规则多边形。

检查图形数字化错误一般可采用如下几种方法：① 叠合比较法，把成果数据打印在透明材料上与原图叠合比较；② 目视检查法，在屏幕上用目视检查的方法检查一些明显的数据化误差与错误；③ 逻辑检查法，根据数据拓扑一致性进行检验，例如将弧段连接成多边形，数字化结点误差的检查等。

实验步骤

在 GIIUC 系统的"住在校园"模块，点击"绘制"选项卡，将光标移至界面左下角图娃图标（ 🏃 ）上，在弹出的窗口点击"图形数据检查"右侧的图标（ 🎥 ），观看视频。具体步骤如下。

这里以检查校园数字化数据中道路数据集"RoadLine"与建筑物数据集"All_Building"是否有重叠的情况为例。

1. 目视检查法

将"RoadLine"数据集和"All_Building"数据集加载到同一地图窗口显示，通过平

移、放大缩小浏览地图，寻找明显的道路和
建筑物重叠部分，如图 6-17 所示。

　　2. 逻辑检查法

　　（1）点击"数据"选项卡"拓扑"组中
"拓扑检查"工具，弹出"数据集拓扑检查"
窗口，添加"RoadLine"道路数据集。在参
数设置中将拓扑规则设置为"线不能和面相
交或被包含"，容限值设置为"0.001"度。
勾选"拓扑预处理"复选框，参考数据选
择"Campus"数据源中"All_Building"建
筑物面数据集，结果数据保持默认设置，如
图 6-18 所示，点击"确定"执行操作。

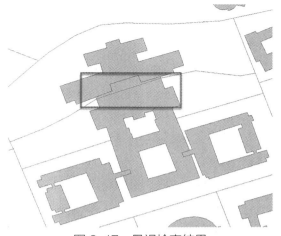

图 6-17　目视检查结果

图 6-18　拓扑检查设置

　　（2）通过设置线对象风格，将拓扑检查结果以线宽"1 mm"、颜色为鲜红色的风格显
示在地图窗口，如图 6-19 所示。

实验结果

　　通过观看 GIIUC 系统中关于图形数据检查的演示视频，我们了解到对于人工绘制数
字化校园所产生的误差可以采用如下方式检查：① 在不使用 GIS 软件的情况下利用叠合
比较法，把成果数据打印在透明材料上，然后与原图叠合在一起，在透光桌上仔细观察比
较。② 若使用 SuperMap iDesktop 软件，则一方面可以利用目视检查法在软件中浏览图形

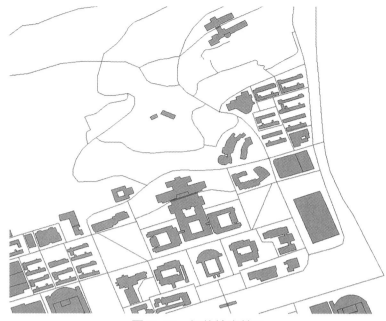

图 6-19　拓扑检查结果

数据，检查一些明显的数字化误差与错误，另一方面可利用逻辑检查法，使用软件提供的拓扑检查工具，基于确定的拓扑规则进行检验。在完成拓扑检查后，可根据检查结果使用软件提供的图形编辑工具进行数据增加、删除和修改处理。

问题 62　请归纳校园空间数据的属性信息检查方法。

属性数据是空间实体的特征数据，具有空间属性信息是 GIS 数据最明显的特点。属性数据在外业采集和内业录入过程中并不能完全保证正确性，通常需要检查。在实际工作中可以利用多种方法检查属性数据。假设现在需要对 GIIUC 系统中校园数据的属性进行核查，请读者归纳属性检查时使用的方法。

实验目的

掌握属性数据检查的内容及主要方法。

问题解析

在数据采集和录入过程中，观察错误、数据过时和数据输入错误等都是造成属性数据不准确的因素。属性数据校核主要包括两个方面：① 属性数据与空间数据是否正确关联，标识码是否唯一、不含空值；② 属性数据是否准确，属性数据的值是否超过其取值范围等。属性数据错误检查可通过以下方法完成：

（1）利用逻辑检查方法，检查属性数据的值是否超过其取值范围，属性之间或属性数据与地理实体之间是否有荒诞的组合；

（2）把属性数据打印出来，或建立属性与几何图形的联系，人工校对并编辑属性数据。

实验步骤

在 GIIUC 系统的"住在校园"模块，点击"绘制"选项卡，将光标移至界面左下角图娃图标（🧑）上，在弹出的窗口点击"属性数据检查"右侧的图标（🎥），观看视频。具体步骤如下：

GIIUC 系统中数字化校园数据最初采用分区域方式采集和录入，首先通过浏览属性表的方式查看明显的属性数据取值错误，例如：角度属性高于 360°，路灯高度，以及道路宽度异常等。其次在进行相邻图幅数据整合时，由于相邻图幅的空间数据源在接合处可能出现逻辑裂隙，因此需要检查相邻图斑属性是否相同，在 SuperMap iDesktop 软件中可根据以下步骤进行检查和修改。

（1）分别将数据源 Group1、Group2、Group3、Group4 中的校园水域面数据集 Water 添加到地图窗口中，每个分幅图层会以不同的随机风格显示。

（2）通过 GIS 软件的"标签专题图"工具，分别为上述四个图层制作标签专题图，注记字段选择"name"，如图 6-20 所示。

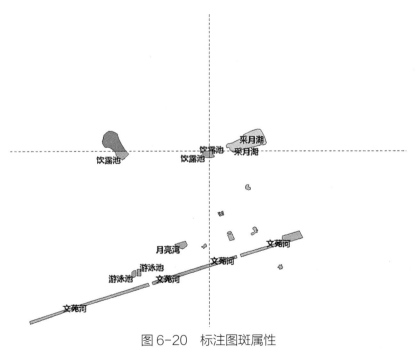

图 6-20　标注图斑属性

（3）检查相邻图斑属性是否相同，若存在逻辑错误，则必须使用交互编辑的方法，使两块相邻图斑的属性相同，取得逻辑一致性。在此可看出图层 Water@Group4 中左上角图斑属性为"饮露池"，明显存在逻辑错误。在地图窗口中选择该对象，在右侧弹出的"属性"对话框中，将"name"字段值修改为空，与其相邻图斑属性保持一致，如图6-21所示。

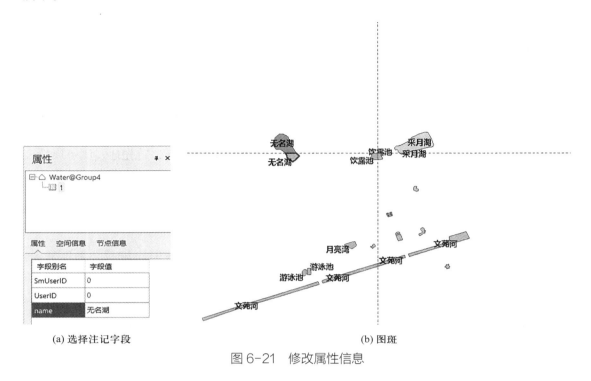

(a) 选择注记字段　　　　　　　　　　　　　　　　(b) 图斑

图 6-21　修改属性信息

实验结果

通过观看 GIIUC 系统中关于属性数据检查的演示视频，我们可以学习到在 GIS 软件中，对属性数据的输入与编辑，一般在属性数据处理模块中进行。在图形数字化之后，首先可以通过浏览属性表的方式检查明显的属性取值错误；其次可以通过制作专题图来对属性进行快速批量标注，检查相邻图斑属性是否有逻辑错误，进而对照每个几何目标，通过交互编辑的方式直接输入或修改属性数据。一个功能强大的 GIS 软件可提供删除、修改、复制属性等功能。

问题 63　请说出 GIIUC 系统的道路数据应该如何检查。

道路、公共服务管线、航线和河流等都是 GIS 中常见的线状矢量数据，在绘制该类空间对象时，可能会出现本该连接的道路或管线没有连接，本该交会的线路绘制成交叉状态等。以上这些错误应该如何检查和修改呢？请结合 GIIUC 系统，思考该问题，说说你的检查方法。

实验目的

掌握利用拓扑关系实现空间数据质量检查的方法。

问题解析

拓扑关系表达了实体之间的邻接、关联、包含和连通等相互关系。通过拓扑关系，可以检查空间实体间位置关系。对拓扑关系的检查可简称为拓扑检查。

在进行拓扑检查时需要按照一定的拓扑检查规则，不同的拓扑规则分别适用于点、线、面数据集和多种类型数据集。以适用于线数据集的规则为例，它包括：线与线无相交、线内无相交、线内无重叠、线内无悬线、线内无假结点、线与线无重叠、线内无自交叠、线内无自相交等多种规则。

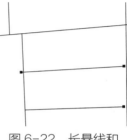

在本问题中我们主要使用了线内无悬线拓扑检查规则，该规则会检查一个线数据集中是否存在被定义为悬线的线对象，即线对象的端点没有连接到其他线的内部或线的端点，包括长悬线和短悬线两种情况。在区域边界线等必须闭合的线和检查道路连通性的情况可使用此规则，如图6-22所示。

图6-22　长悬线和短悬线示意图

实验步骤

在 GIIUC 系统的"住在校园"模块，点击"绘制"选项卡，将光标移至界面左下角图娃图标（ 🧒 ）上，在弹出的窗口点击"拓扑检查与处理"右侧的图标（ 📷 ），观看视频。利用 SuperMap iDesktop 软件对校园数据中的道路数据集进行拓扑检查和处理，具体步骤如下：

1. 拓扑检查

（1）依次单击"数据""拓扑检查"按钮，在"数据集拓扑检查"对话框中，添加图幅接边后的完整道路线数据 RoadLine。在参数设置中，拓扑规则选择"线内无悬线"，结果数据默认命名为"TopoCheckResult"，点击"确定"，执行操作，如图6-23所示。

（2）在数据源 NO.12 中，将道路线数据集 RoadLine 与拓扑检查结果数据集 TopoCheckResult 添加到同一地图窗口中进行显示，在图层管理器中选中"TopoCheckResult"，单击右键选择"图层风格"。在右侧的"风格设置"窗口中，可设置拓扑检查结果的符号颜色和符号大小，便于在地图窗口中突出拓扑检查结果，如图6-24所示。

（3）利用"地图"选项卡中的"地图量算"检查错误悬线的长度值，如图6-25所示。

2. 拓扑处理

（1）依次单击"数据""线拓扑处理"按钮，在"线数据集拓扑处理"对话框中，选择道路数据集"RoadLine"，勾选拓扑错误处理选项。其中，"弧段求交"操作可以将线对象从交点处打断，分解为多个有相连关系的简单线对象。拓扑处理后可选择是否合并线对象。

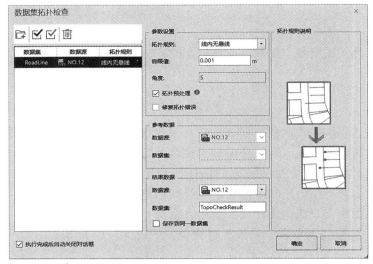

图 6-23　拓扑检查参数设置

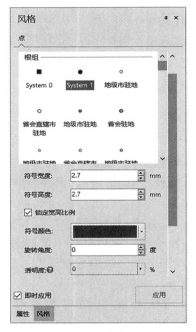

(a) 风格设置窗口

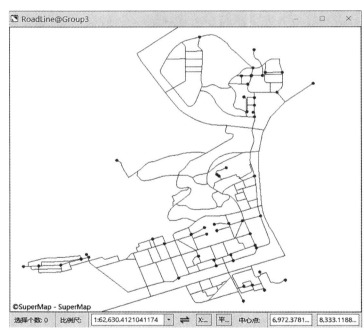

(b) 突出显示拓扑检查结果

图 6-24　拓扑检查

（2）点击"高级"按钮，在高级参数设置中，根据上一步骤检查出的错误悬线的长度值，将短悬线容限和长悬线容限设置为 5 m，点击"确定"按钮，如图 6-26（b）所示。回到"线数据集拓扑处理"对话框中，点击"确定"执行操作，如图 6-26（a）所示。线拓扑处理前后对比，如图 6-27 所示。

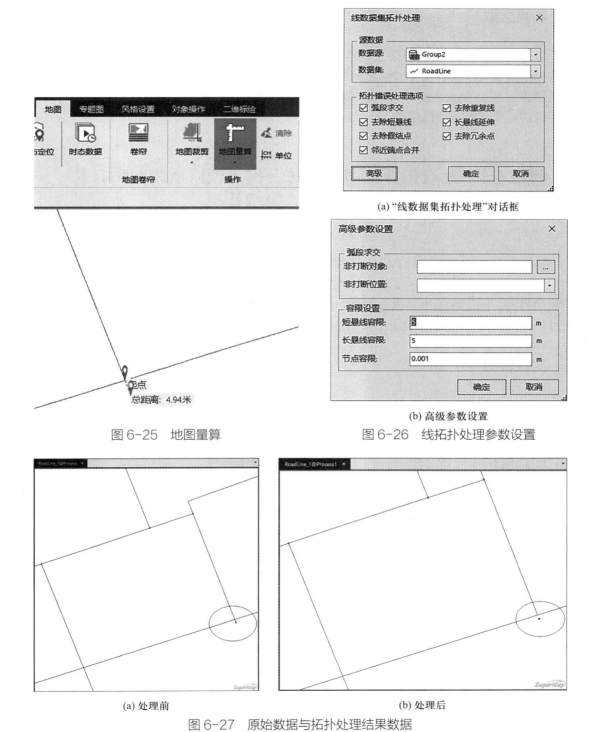

(a) "线数据集拓扑处理"对话框

图 6-25　地图量算

(b) 高级参数设置

图 6-26　线拓扑处理参数设置

(a) 处理前

(b) 处理后

图 6-27　原始数据与拓扑处理结果数据

实验结果

通过观看 GIIUC 系统中关于拓扑检查和处理的演示视频，结合拓扑检查规则，确定本该相连的道路却没有连接的情况属于短悬线错误；丁字路口变成十字路口的情况属于长悬线错误。利用 SuperMap iDesktop 软件，可以通过拓扑检查和处理工具，排除不符合拓扑规则的对象，保证数据质量。

问题 64　通过拓扑构网的方法，构建校园道路网络，并检查其正确性。

导航软件已经成为人们手机里的必备 APP（即应用软件），在软件中输入起点和终点，它就可以为我们规划出各种形式的出行方式对应的路径方案。读者思考过为了达到线路规划的目的，除了基于道路线数据集，还需要具备什么条件吗？请读者结合 GIIUC 系统，通过拓扑构网的方法构建校园道路网络，并检查其正确性。

实验目的

（1）了解网络拓扑关系的意义。
（2）掌握构建网络拓扑关系的方法。

问题解析

本实验问题主要考察网络拓扑关系建立的方法。网络数据结构通常包含两个部分的内容，一是网络的几何结构，二是网络的拓扑结构。网络数据的几何结构表示网络的地理分布位置，可以用矢量数据结构中的点和线来表达；网络数据的拓扑结构表示网络中元素的连接关系。

在输入道路、水系、管网、通信线路等信息时，为了进行流量、连通性、最佳路径分析，需要建立网络拓扑关系来确定结点与弧段之间的连接关系，这一工作可以由 GIS 软件自动完成。在进行网络拓扑关系建立时需要注意，在一些特殊情况下两条相互交叉的弧段在交点处不一定需要结点，例如道路交通中的立交桥，在平面上实际并不连通，这时就需要进行手动修改。

实验步骤

在 GIIUC 系统的"住在校园"模块，点击"绘制"选项卡，将光标移至界面左下角图娃图标（👧）上，在弹出的窗口点击"网络拓扑关系建立"右侧的图标（🎥），观看视频。具体步骤如下：

1. 利用 SuperMap iDesktop 软件，在"交通分析"选项卡的"路网分析"组中，点击"拓扑构网"下拉框，选择"构建二维网络"按钮，在弹出的"构建二维网络数据集"对话框中，添加数据集 RoadLine，结果数据集名称设置为"RoadNetwork"，在打断设置中勾选"线线自动打断"，勾选该复选框后，在容限范围内，两条或两条以上相交的线对象会在相交处被打断，若线对象与另一条线的端点相交，则这个线对象会在相交处被打断。此外，勾选"线线自动打断"操作时，系统会同时默认勾选"点自动打断线"，即"线线自动打断"功能不可以单独使用。单击"确定"按钮执行操作，如图 6-28 所示。最后根据实际情况对照校园卫星影像检查网络数据集的正确性。

(a) 对话框

(b) 效果图

图 6-28 构建二维网络数据集

2. 在 GIIUC 系统"住在校园"模块界面右上角点击 SQL 查询框右侧的路径查询按钮（▱），激活路径查询工具栏，通过输入或者在图区上选点的方式设置起点、途径点和终点（例如起点为"西区田径运动场"、"途经东草坪"、终点为"北区学生食堂"），点击查询按钮（▱），左侧选项卡栏出现"结果"选项卡，左侧操作栏显示行驶导引如图 6-29（a）所示，地图浏览窗口对应显示路径分析结果如图 6-29（b）所示。

实验结果

通过观看 GIIUC 系统中关于拓扑构网的演示视频，我们了解到在 SuperMap iDesktop 软件中可以基于经过拓扑检查与处理后的校园道路数据集构建道路网络数据集，并对照校园卫星影像进行检查并处理，进而在正确的道路网络数据集中进行最佳路径、旅行商等网络分析。

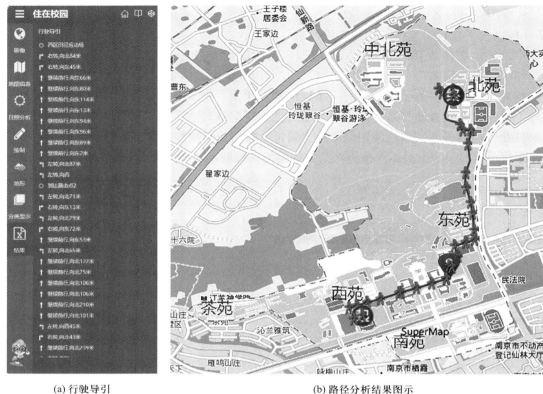

(a) 行驶导引　　　　　　　　　　　　(b) 路径分析结果图示

图 6-29　路径分析结果

6.5　数学基础变换

问题 65　如果校园卫星影像有变形或者导入 GIS 软件后坐标不正确，那么该如何处理？

GIS 中遥感影像数据和扫描得到的图像数据是重要的数据源，由于遥感影像本身成像或地图扫描过程中的操作误差等原因，因此这类数据源往往存在变形，与标准地形图不符，必须加以纠正。GIIUC 系统中卫星影像也存在变形或导入 GIS 软件后坐标不正确的问题，请读者思考该如何处理。

实验目的

（1）了解几何纠正的实际应用意义。
（2）掌握几何纠正的操作方法。

问题解析

遥感影像数据在成像过程中存在多种几何畸变，纸质地图在保存过程中存在纸张变形、扫描后的图像因此也容易产生误差变形，并且扫描后的图像都是没有空间位置的。在这些情况下，就需要对图像数据进行几何纠正。几何纠正主要是建立图像与标准地形图、地形图的理论数据、纠正过的正射影像之间的变换关系，消除各类图形的变形误差。

GIS 软件提供了对应的工具来进行几何纠正。对地形图的纠正，一般可采用四点纠正法。四点纠正法一般是根据选定的数学变换函数，输入需纠正地形图的图幅行号、列号、地形图的比例尺、图幅名称等，生成标准图廓，分别采集四个图廓控制点坐标来完成。对于遥感影像的纠正，一般选用和遥感影像比例尺相近的地形图或正射影像图作为变换标准，选用合适的变换函数，分别在要纠正的遥感影像和标准地形图或正射影像图上采集同名地物点。

目前主要的变换函数有：仿射变换、双线性变换、二次多项式变换等。具体采用哪一种，则要根据纠正图像的变形情况、所在区域的地理特征及所选点数来决定。例如仿射变换假设地图因变形而引起的实际比例尺在 X 轴和 Y 轴方向上不相同，具有纠正地图变形的功能。使用该方法至少要选取 4 个具有经纬度坐标的控制点。另外对于变形比较严重的图像，可使用精度较高的二次多项式变换方法。使用该方法至少要选取 7 个具有经纬度坐标的控制点。

实验步骤

在 GIIUC 系统的"住在校园"模块，点击"影像"选项卡，将光标移至界面左下角图娃图标（👧）上，在弹出的窗口点击"几何纠正"右侧的图标（📷），观看视频。SuperMap iDesktop 支持利用配准工具对单个或多个数据集进行几何纠正，并支持通过配准信息文件（*.drfu）进行快速配准，具体通过以下步骤进行：

1. 新建配准

选择一个或多个配准数据，建立配准图层与参考图层的配准关系。

（1）依次单击"开始""配准""新建配准"按钮，在"选择配准数据"对话框中，添加待配准的校园道路线数据集 RoadLine，点击"下一步"执行操作，如图 6-30 所示。

（2）由于本实验利用控制点坐标信息对数据集进行配准，无须参考数据集，因此在弹出的"选择参考数据"对话框中，可跳过配准参考数据的选择，进行单图层配准，直接点击"完成"，如图 6-31 所示。

2. 控制点与配准算法的选择

这个过程即刺点的过程，是配准的关键步骤。在配准图层和参考图层选择相同空间位置的特征同名点，或输入控制点坐标信息。在"配准"选项卡的"运算"组中，"配准算法"下拉菜单中选择"二次多项式配准（至少 7 个控制点）"，如图 6-32所示。

图 6-30　选择配准数据

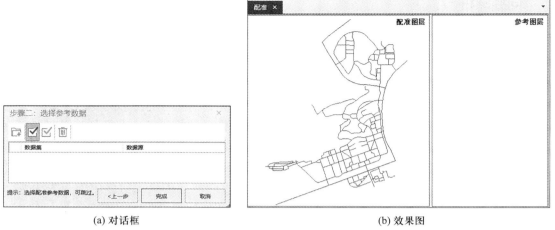

(a) 对话框　　　　　　　　　　　　　　　(b) 效果图

图 6-31　单图层配准

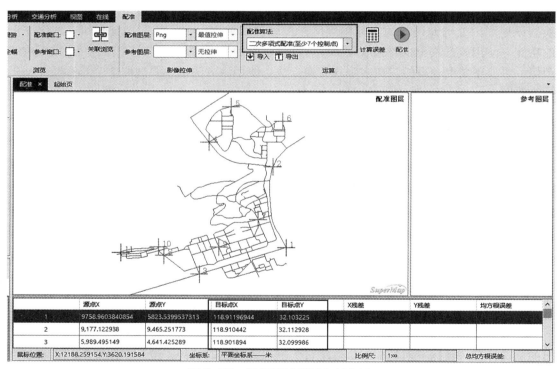

图 6-32　选择配准算法与控制点

3. 计算误差

单击"计算误差"按钮（▦），选择配准算进行配准误差的计算。

4. 执行配准

当计算误差在配准精度的要求范围，即可执行配准，单击"执行配准"按钮（▶）。

实验结果

通过观看 GIIUC 系统中关于几何纠正的演示视频，我们知道为了进行数据的几何纠正，一般配准过程分为：新建配准、选择控制点、计算误差、执行配准四个步骤。在指定参考图层的情况下，需要在配准图层中选择合适的配准点，同时在参考图层的相应位置上也需要选择控制点。配准过程会将配准图层中配准点位置通过一定的配准算法，转换到与参考图层一致的空间位置。在不指定参考图层的情况下，需要在配准图层选择合适的配准点，同时输入与配准点位置相应的控制点坐标。

视频中首先基于控制点坐标信息表格，通过选定配准点并输入与相应位置匹配的坐标值来对道路数据集进行配准，并导出配准文件。然后利用配准文件为包括校园卫星影像在内的多个校园数据集进行批量配准。

控制点的选择需注意：① 控制点一般应选择标志较为明确、固定，并且在配准图层和参考图层上都容易辨认的突出地图特征点，比如道路的交叉点、河流主干处、田地拐角等。选取的控制点分布要均匀，否则控制点较密集的区域配准的精度好，而较稀疏的区域，配准的精度就差。② 在选取控制点时，尽量将要选取控制点的区域放大，可以减少误差。如果是对矢量数据进行配准，那么可以采用捕捉工具，可以精确地选取控制点位置。如果有参考图层，那么控制点最好成对选取，即在配准图层选择一个控制点后，再在参考图层上选择一个控制点。如果没有参考图层，那么双击控制点列表中的记录，可以手动输入正确的坐标。

问题 66   如何将 GIIUC 系统的校园数据转换为统一的坐标系统？

在 GIS 数据采集的过程中，原始数据往往来自不同的空间参考系统，同一区域的不同数据具有不同的空间参考系不利于后续空间分析和数据管理，所以我们经常需要对其进行坐标变换，将其统一到同一空间参考系下。GIIUC 系统中的各类校园数据获取渠道众多，所采取的坐标系统也不一致，那么该如何将其转换为同一的坐标系统？

实验目的

掌握 GIS 软件中坐标变换的方法。

问题解析

由于 GIS 中采集数据的来源不同，因此一般会存在地图投影与地理坐标的差异，在大多数 GIS 项目中会选择单一坐标系统，然后通过坐标变换的方式转换所有数据与其匹配。坐标变换的实质就是建立两个空间参考系之间点的一一对应关系。常用的坐标变换方法包括投影变换、仿射投影、相似变换和橡皮拉伸。投影变换是坐标变换中精度最高的变换方法，它通过已知变换前后两个空间参考的投影参数，利用投影公式的正解和反解算法，推算变换前后两个空间参考系之间点的对应关系。

实验步骤

在 GIIUC 系统的"住在校园"模块，点击"影像"选项卡，将光标移至界面左下角图娃图标（🎎）上，在弹出的窗口分别点击"坐标系重新设定"和"投影转换"右侧的图标（📹），观看视频。

GIIUC 系统中的各类校园数据坐标变换，利用 SuperMap iDesktop 中提供的"重新设定坐标系"，以及"投影转换"功能来实现。

1. 校园数据坐标系统重新设定

在数据源 Transform 中，查看配准后的校园数据，将配准结果数据集重新设定为"GCS_WGS 1984"坐标系。

选中数据集 RoadLine_adjust，单击鼠标右键，选择"属性"选项。在"坐标系"一栏中，点击"重设"下拉框，找到"GCS_WGS 1984"坐标系，为数据集重新设定坐标系，如图 6-33 所示，并依此方法对其余校园数据设定正确的坐标参考系统。

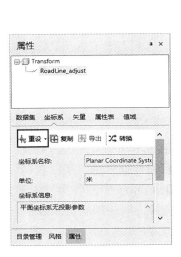 

(a) 旧坐标系　　　　　　　(b) 新坐标系

图 6-33　重新设定坐标系

2. 校园数据投影转换

将配准后的校园数据通过投影变换统一到 UTM Zone 50，Northern Hemisphere（WGS 1984）（EPSG Code：32650）投影坐标系下，便于实现空间分析等操作。

（1）设置投影变换参数。依次单击"开始""投影转换""数据集投影转换"按钮。"数据集投影转换"对话框如图 6-34（a）所示。将结果数据集命名为"RoadLine_

Transform"。在目标坐标系设置中，选择"投影设置"，点击"设置"。在坐标系设置中，输入坐标系名称"UTM Zone 50，Northern Hemisphere"，或通过 EPSG Code（32650）进行搜索，如图 6-34（b）所示。选中该投影坐标系，点击"应用"按钮。

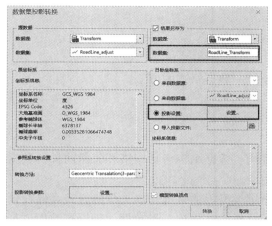

（a）"数据集投影转换"对话框 　　　　　　（b）坐标系设置

图 6-34 　数据集投影转换

（2）执行投影转换。回到"数据集投影转换"对话框中，点击"转换"按钮，执行投影转换。

（3）其他数据集投影变换。依此方法对其余数据集进行投影变换，将校园数据统一到 UTM Zone 50，Northern Hemisphere（WGS 1984）投影坐标系下，便于后续空间分析等操作。

实验结果

通过观看 GIIUC 系统中关于坐标系重新设定和投影转换的演示视频，我们知道如果数据集缺乏坐标系统信息，那么首先要通过"定义坐标系"的操作为其指定正确的坐标系统，然后为了后续分析操作继续进行地图投影和投影转换的任务。目前，大多数的 GIS 软件直接提供常见坐标系之间的转换功能。

6.6 　数　据　重　构

> **问题 67 　请问如何进行矢量和栅格数据的相互转换，若采集数据时获取的数据格式多样，则应该如何实现数据格式的统一。**

通用的空间数据结构有栅格和矢量两种，在 GIS 中，它们之间的相互转换是经常性的。此外，GIS 在发展过程中，出现了很多研究机构和企业，它们所使用的数据格式往往不尽相同，为了实现相互之间的数据和资源共享，需要转换数据格式。对于 GIIUC 系统中的空间数据，请读者思考空间数据的结构和格式是如何转换的。

实验目的

（1）了解数据重构的主要内容及其意义。

（2）掌握利用 GIS 软件进行矢栅互转，以及统一数据格式的方法。

问题解析

数据结构转换和数据格式转换都属于数据重构。数据结构包括栅格和矢量两种。数据格式则根据所使用的企业和机构不同呈现多种类型。

许多数据例如行政边界、土地利用类型、土壤类型等通常都是以矢量的方式存储在计算机中的。在多层数据复合分析这类特殊的空间分析中，相比矢量数据，用栅格数据进行处理要容易得多，因此叠置复合分析时需要将矢量数据转换为栅格数据后进行操作。在实际项目中，为了将栅格数据分析的结果通过矢量绘图装置输出，或者为了将栅格数据加入矢量形式的数据库，又或者为了压缩数据时，就需要将栅格数据转换为矢量数据。

数据重构在 GIS 项目中必不可少，通常的 GIS 软件提供了矢栅转换和数据格式转换等工具以便使用者进行数据结构和格式的转换，进而为后续工作提供数据支撑。

实验步骤

在 GIIUC 系统"住在校园"模块中，点击"分类显示"选项卡，将光标移至界面左下角图娃图标（🧑）上，在弹出的窗口分别点击"数据格式转换"和"数据结构转换"右侧的图标（📹），观看视频。以校园草坪矢量面数据转换为栅格数据、校园 POIs 多格式数据转换为例，具体操作步骤如下：

1. 校园空间数据矢栅互转

以校园草坪面数据转换为栅格数据为例，在 SuperMap iDesktop 的功能区中依次单击"空间分析""矢栅转换""矢量栅格化"按钮，在弹出的"矢量栅格化"对话框中，设置矢量栅格化的参数，源数据选择校园草坪面数据集 Grass，将栅格化结果数据命名为"Grass_Raster"，其他参数保持默认，点击"确定"，如图 6-35 所示。

2. 校园 POIs 多格式数据转换

（1）将 CSV 文件转换为 UDBX 文件型数据。打开数据源 Campus.udbx，依次单击"开始""数据导入"按钮，在弹出的"数据导入"对话框中，点击"添加"按钮（📄），添加 POIs.csv。在"数据导入"对话框中，源文件字符集选择"ASCII（Default）"，勾选"导入为空间数据"复选框，选择"坐标字段"，即通过设置经度、纬度、高程字段来指定 CSV 数据对应的空间信息。在此，经度选择"X"，纬度选择"Y"，点击"导入"执行操作，如图 6-36 所示。

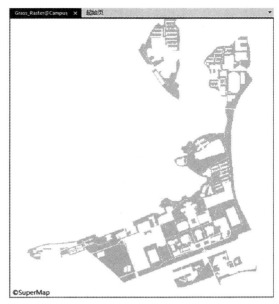

| (a) 对话框 | (b) 效果图 |

图 6-35　矢量栅格化对话框与结果

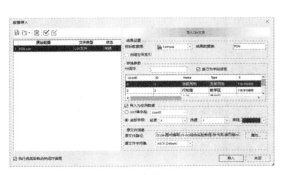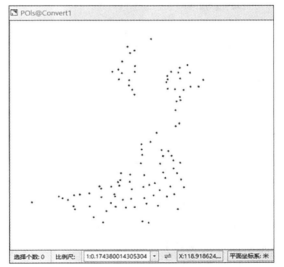

| (a) 参数 | (b) 效果图 |

图 6-36　导入校园 POIs 数据

（2）为校园 POIs 数据设置坐标。选中数据集 POIs，单击鼠标右键，选择"属性"选项。在"坐标系"一栏中，点击"重设"下拉框，选择"GCS_WGS 1984"坐标系，为数据集重新设定坐标系，如图 6-37 所示。

(a) 选择坐标系

(b) 坐标系参数

图 6-37　重新设定坐标系

实验结果

通过观看 GIIUC 系统中关于数据结构和数据格式转换的演示视频，我们了解到校园空间数据的数据结构和数据格式转换利用 GIS 软件的相关功能实现，SuperMap iDesktop 中提供了"矢栅转换"工具实现数据结构转换，"数据导入"和"数据导出"工具实现数据格式转换。其转换原理简述如下：

1. 数据结构转换

矢量数据转栅格数据主要包括点、线、面的转换。① 点的转换，指计算点所在栅格的行列号；② 线的转换，其步骤为计算线所经过的全部栅格，将其赋予线的属性值；③ 面的转换，其步骤为首先完成多边形边界线段的栅格化，然后用面域属性值填充。栅格数据转矢量数据通常有两种情况，一种本身是遥感影像或已栅格化的分类图，另一种是从原来的线划图扫描得到的栅格图，处理流程如图 6-38 所示。最后的矢量化的过程包括：① 从西北角开始根据八邻域原则进行搜索，找出线段经过的栅格；② 将栅格 (i, j) 坐标变成直角坐标 (x, y)；③ 生成拓扑关系；④ 去除多余点，并将曲线平滑化。

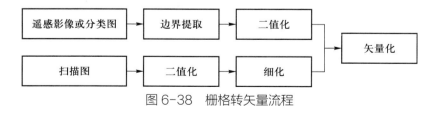
图 6-38　栅格转矢量流程

2. 数据格式转换

数据格式转换的内容包括空间数据、属性数据、拓扑信息，以及相应的源数据和数据描述信息。实现数据格式转换的方式多种多样，一般可以通过外部数据交换模式、直接数据访问模式、数据互操作模式和空间数据共享平台模式实现。外部数据交换方式是目前空间数据格式转换的主要方式，大部分的 GIS 软件定义了外部数据交换文件格式，一般为 ASCII 码文件。通过外部交换文件进行数据转换的方式如图 6-39 所示。在 SuperMap iDesktop 软件中进行校园 POIs 多格式数据转换所使用的就是外部数据交换模式。

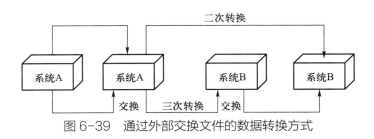

图 6-39　通过外部交换文件的数据转换方式

6.7　图　形　拼　接

问题 68　请思考如何整合多个采集小组的校园数字化成果。

在空间数据采集过程中，由于工作区域较大，人们时常会采取划区域分工合作的方式完成数字化工作。在整合成果进行图幅拼接时，由于数字化误差导致相邻图幅边缘部分不吻合，此时该如何进行图幅边缘匹配处理？ GIIUC 系统中的校园数据分别由四个采集小组数字化而得到，依据所学图幅拼接的知识，思考 GIIUC 系统如何将这些成果整合为一个完整的校园空间数据。

实验目的

（1）了解图形拼接的意义和应用场景。
（2）掌握图形拼接的方法。

问题解析

本实验主要涉及多图幅数据的图形拼接问题。图幅拼接在相邻两个图幅之间进行，图幅拼接时要求：① 相邻图幅相同实体的线段或弧的坐标数据相互衔接；② 同一实体的属性码相同。为了达到以上要求需进行以下四步处理：

（1）逻辑一致性处理。由于人工操作失误，两个相邻图幅的同一实体空间数据在接合处可能出现逻辑间隙，此时需要检查相邻图斑属性是否一致，通过交互编辑的方法取得逻辑一致性。

（2）识别和检索相邻图幅。对图幅进行编号。编号有两位，其中十位代表横向顺序，个位代表纵向顺序。按待识别拼接图幅数据的横向、纵向拼接顺序检索相邻图幅。

（3）相邻图幅边界点坐标数据匹配。采用追踪拼接法匹配相邻图幅边界点坐标数据，需具备以下两个条件：① 相邻图幅边界两条线段或弧段的左右码各自相同或相反；② 相邻图幅同名边界点坐标差别在某一允许值范围内。

（4）相同属性多边形公共边界的删除。当图幅拼接完成后，相邻图斑会有相同属性，此时需要将相同属性的两个或多个相邻图斑组合成一个图斑，对共同属性进行合并，消除公共边界。

实验步骤

在 GIIUC 系统的"住在校园"模块，点击"绘制"选项卡，将光标移至界面左下角图娃图标（🧒）上，在弹出的窗口点击"图幅拼接"右侧的图标（🎥），观看视频。利用 SuperMap iDesktop 软件提供的交互编辑、图幅接边和数据集融合工具，可以完成 GIS 项目中的相邻图幅接边处理，具体步骤如下：

以校园分幅数据采集结果中第一组（数据源 NO.21）和第二组（数据源 NO.22）拼接为例，学习使用图幅接边工具。

在 SuperMap iDesktop 软件的"数据"选项卡的"数据处理"组中，单击"图幅接边"按钮。在弹出的"图幅接边"对话框中，源数据选择 NO.21 中的校园道路数据"RoadLine"，目标数据选择 NO.22 中的校园道路数据"RoadLine"。

设置参数。在参数设置中，接边模式选择"中间位置接边"，表示接边连接点为目标数据集和源数据集接边端点的中点，源数据集和目标数据集中的接边端点将移动到该连接点。"接边容限"则用于设置源数据与目标数据中线接边的容限值，在此保持默认即可。勾选"数据融合"复选框，将接边的源对象和目标对象融合，即将编号 21 图幅中的校园道路数据追加到编号 22 图幅中相应位置。并且，在属性保留下拉框中，选择"非空属性"，即保留源数据与目标数据中，所有非空字段属性，点击"确定"执行操作，如图 6-40 所示。

(a) 参数

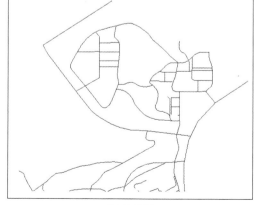

(b) 效果图

图 6-40　图幅接边

实验结果

通过观看 GIIUC 系统中关于图幅拼接的演示视频，我们学习到基于 GIS 软件，依据图幅拼接要求和处理步骤，分别对待拼接数据源（Group1、Group2、Group3、Group4）进行逻辑一致性处理、相邻图幅边界点坐标数据匹配和相同属性多边形公共边删除操作的具体流程如表 6-7 所示。

表 6-7　图幅拼接操作流程

逻辑一致性处理	添加待拼接数据 ↓ 制作地物名称标签专题图 ↓ 利用交互编辑取得逻辑一致性
识别和检索相邻图幅	数据源重命名
相邻图幅的接边处理	利用图幅接边工具拼接相邻图幅 ↓ 依次对四幅待拼接数据进行接边操作
相同属性多边形公共边融合	利用追加行工具合并数据集 ↓ 利用数据集融合工具消除公共边界

第7章 GIS 基本空间分析

7.1 概　　述

本章主要基于《主教程》第 7 章"GIS 空间分析"部分的内容，围绕空间分析概述、空间对象基本度量方法、叠置分析、缓冲区分析、窗口分析和网络分析等知识点，设计了"GIIUC 系统的空间分析功能认知及对象特征度量方法""GIIUC 系统中的空间数据图层叠置和要素缓冲区方法""GIIUC 系统中的邻域窗口运算和路径规划"等 10 个实验问题，知识点与具体实验问题的对应详见表 7-1。通过本实验，读者将在掌握 GIIUC 系统空间数据采集与处理的基础上，具备初步的 GIS 基本空间分析能力。

电子教案
第 7 章

表 7-1　GIS 基本空间分析实验内容

实验内容		实验设计问题
7.2	空间分析概述	069 在 GIIUC 系统中，哪些功能是空间分析功能？
7.3	基本度量方法	070 在 GIIUC 系统中查看道路的长度、湖泊水系的面积。
		071 运用量算工具找到离图书馆直线距离最近的食堂。
7.4	叠置分析	072 请在 GIIUC 系统中实现步道路线规划，并指出使用了哪种叠置分析功能。
		073 请在 GIIUC 系统中规划校园班车路线，并指出使用了哪种叠置分析功能。
7.5	缓冲区分析	074 请在 GIIUC 系统中实现实验站选址规划。
7.6	窗口分析	075 GIIUC 系统是如何利用校园 DEM 获得校园地形起伏度的？
		076 GIIUC 系统中校园地形中的坡度是如何计算的？
7.7	网络分析	077 请基于 GIIUC 系统，为你今天的行程规划最佳路径。
		078 请思考 GIIUC 系统步道的规划过程，是如何获得登山入口到山顶凉亭的最佳路径的。

7.2　空间分析概述

问题 69　在 GIIUC 系统中，哪些功能是空间分析功能？

空间分析是 GIS 的核心功能之一，通过对空间数据的深加工获取新的地理信息，是

165

GIS 区别于其他类型系统的主要功能特征。例如，查找距离事故点最近的医院实际上是基本的邻域分析；根据人口、交通、设施和土地利用等因素进行适宜性建模与分析，其本质也是空间分析。那么请读者思考 GIIUC 系统中有哪些功能属于空间分析功能。

实验目的

（1）理解空间分析的概念。
（2）掌握空间分析的类型及应用场景。

问题解析

上文提及的问题，主要涉及对空间分析的理解。空间分析是基于空间数据的分析技术，从空间数据中获取有关地理对象的空间位置、空间分布、空间形态、空间构成、空间演变等信息。空间分析的类型，基于不同的视角存在多种分类方法。可以依据数据模型划分，可以依据数据维度划分，可以按照分析方法的级别划分，也可以按照空间数据的形式划分。

实验步骤

在 GIIUC 系统"用在校园"模块，左侧选项卡中点击"步道规划"，在步道规划操作窗口，实现对校园登山入口到山顶凉亭的步道设计。

该功能是基于数字高程模型进行的栅格数据空间分析，涉及的空间分析特征有：坡度分析、邻域统计、距离栅格分析等，功能思路如图 7-1 所示。

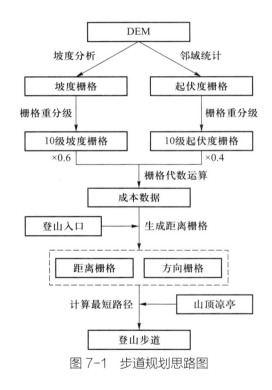

图 7-1　步道规划思路图

实验结果

在 GIIUC 系统"用在校园"模块，左侧选项卡中的"班车规划""建站选址""骑行指南""步道规划""登山地形"都是空间分析功能，属于二维的空间分析。

在 GIIUC 系统"住在校园"模块，左侧选项卡中的"日照分析"功能也具有空间分析的特征，属于三维的空间分析。

7.3　基本度量方法

问题 70　在 GIIUC 系统中查看道路的长度、湖泊水系的面积。

你知道世界大河排名第三的长江，到底有多长吗？中国第一大淡水湖——鄱阳湖，它的面积又是多少？作为一名 GIS 学习者，你知道如何运用 GIS 去获得答案吗？请读者结合几何度量的相关知识思考，在 GIIUC 系统中如何查看道路的长度、景观湖的面积。

实验目的

（1）了解空间分析几何度量的内容及其原理。

（2）掌握几何度量的操作方法。

问题解析

上文提及的问题可最终归结到 GIS 中对空间对象的几何度量问题。测量长度、面积都属于空间量算中的几何度量，是常见的空间对象测量方法。对不同类型的地物几何度量也有不同的含义：

（1）点状地物（0 维）：坐标。

（2）线状地物（1 维）：长度、曲率、方向。

（3）面状地物（2 维）：面积、周长、形状、曲率等。

（4）体状地物（3 维）：体积、表面积等。

线状地物对象最基本的形态参数之一就是长度。在矢量数据结构下，线被表示为坐标对 (x, y) 或 (x, y, z) 序列。在不考虑比例尺的情况下，线状物体长度的计算公式为：

$$L = \sum_{i=0}^{n-1} [(x_{i+1} - x_i)^2 + (y_{i+1} - y_i)^2 + (z_{i+1} - z_i)^2]^{1/2} = \sum_{i=0}^{n-1} l_i$$

面积是面状地物最基本的参数。在矢量结构下，面状地物以其轮廓边界弧段构成的多边形表示。对于没有空洞的简单多边形，假设有 N 个顶点，其面积计算公式为：

$$S = \frac{1}{2} \sum_{i=0}^{n-1} [(x_{i+1} - x_i)(y_{i+1} + y_i)]$$

实验步骤

在 GIIUC 系统"住在校园"模块界面，右侧查询工具栏中使用"查询"按钮（ 🔍 ），查看校园道路的长度、景观湖的面积。

1. 查看道路长度

以校园道路——金大路为例，查看其道路长度。

在"住在校园"模块右侧的查询工具栏中，输入查询内容"金大路"，点击"查询"按钮，在左侧查询结果面板中，点击"详情"，可查看当前查询道路对象信息，如图 7-2 所示。由属性信息可知，校园道路金大路的长度（SMLENGTH 字段）为 393.50 m（精确到小数点后两位）。

2. 查看景观湖面积

以 GIIUC 系统"住在校园"模块的月亮湾为例，查看其面积。

在"住在校园"模块右侧的查询工具栏中，输入查询内容"月亮湾"，点击"查询"按钮，在查询结果面板中，点击 🔲 月亮湾 后面的"详情"，可查看当前湖泊对象的信息，如图 7-3 所示。由属性信息可知，月亮湾的面积（SMAREA 字段）为 2 837.83 m²（精确到小数点后两位）。

图 7-2　查看金大路的长度

图 7-3　查看月亮湾面积

实验结果

通过对 GIIUC 系统的操作，可以获得道路的长度，以及景观湖的面积的精确数值。这些度量值的实质就是 GIS 软件通过空间数据库查询获得道路的坐标点对串，基于对线状物体长度的计算公式，得到其长度。同理，获取景观湖面状地物的坐标点对串，基于面积计算公式进行自动求算，将其作为面对象的面积属性存储于该数据属性中。

另外，GIIUC 系统也提供了量算的工具，可利用鼠标绘制出道路、景观湖的形状，GIS 软件基于用户所绘制的坐标点对串进行长度、面积的测算。这种测算的结果，主要取决于鼠标绘制的形状的精确程度。

问题 71　运用量算工具找到离图书馆直线距离最近的食堂。

"距离"是人们日常生活中经常涉及的概念，它描述了两个实体或事物之间的远近程度。在 GIS 中，距离通常是两个地点之间的计算，一个地点到另一个地点的表面距离；再比如表达两个人离得远，其本质也是距离上的远近。那在 GIIUC 系统中，如果要查找距离图书馆距离最近的食堂，那么应该如何运用量算工具实现呢？

实验目的

（1）了解距离量算的算法。
（2）掌握 GIS 软件的量算工具的使用方法。

问题解析

上述问题主要涉及对两点间距离的计算问题。对于点、线、面的矢量结构的距离量算有一系列的方法，比如欧氏距离、曼哈顿距离、非欧氏距离。一般的计算公式为：

$$d = [(x_i - x_j)^k + (y_i - y_j)^k]^{1/k}$$

当 $k=2$ 时，上式就是欧氏距离计算公式。当 $k=1$ 时，上式得到的距离称为曼哈顿距离。

欧氏距离是我们在直角坐标系中最常用的距离量算方法，例如小学知识点里的"两点之间的最短距离是连接两点的直线距离"。而曼哈顿距离则表示两个点在标准坐标系上的绝对轴距之和。它是度量那些路网类似纽约曼哈顿区（正北正南直东直西）的距离。图 7-4 中实线 p 代表曼哈顿距离，虚线 l 代表欧氏距离，也就是直线距离，而实线 m 和实线 n 代表等价的曼哈顿距离。

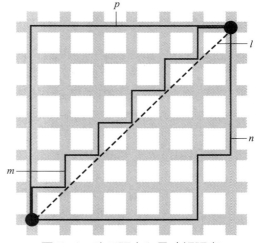

图 7-4　欧氏距离和曼哈顿距离

实验步骤

在 GIIUC 系统"住在校园"模块界面右侧查询工具栏中，使用"查询"按钮，定位图书馆和校园食堂的位置。

找到距离敬文图书馆最近的食堂。从上述确定的对象位置分布情况进行分析，敬文图书馆位于南区，目测排除北区的中北学院第一食堂与北区学生食堂，测量其余三个食堂，进行距离比较。

在 GIIUC 系统"住在校园"模块中，点击地图界面右侧工具栏中的"长度量测"工具，分别量算西区食堂、南区食堂、东区学生食堂与敬文图书馆之间的距离。

实验结果

针对图书馆到食堂的距离计算问题，首先，判断是否可以直接用欧氏距离方法计算图书馆和食堂两点间的直线距离。在 GIIUC 系统地图中可以看到，图书馆和食堂之间没有一条直接通达的道路，因此这种计算方法不可取。然后，观察 GIIUC 系统的路网数据，它不属于正北正南直东直西的路网，因此也无法使用曼哈顿距离测算方法。最后，通过距离工具，通过计算图书馆与食堂之间能通达的每一条路段的距离，最后将这些距离求和得到最终图书馆到食堂的距离。每一段路段距离的计算实际上是依据欧氏距离方法计算的。

7.4　叠　置　分　析

问题 72　请在 GIIUC 系统中实现步道路线规划，并指出使用了哪种叠置分析功能。

在 GIS 中，栅格数据的空间信息比较隐晦，属性信息比较明确，常常被看作典型的数据层面，而像空间模拟就尤其需要通过各种方式将不同数据层面进行叠加运算来表达不同的空间现象。请基于 GIIUC 系统，利用 GIS 空间分析方法为校园中部的山地景观区域规划步道路线，并思考实验中哪一个过程利用了栅格数据的叠置分析功能。

实验目的

（1）了解栅格数据叠置分析的主要方法。
（2）结合实际，利用栅格叠置分析方法解决具体空间分析问题。

问题解析

要回答上述问题，首先需要了解栅格数据的叠置分析功能。在栅格数据内部，叠加运算是通过像元之间的各种运算来实现的。根据栅格数据叠加层面可以将栅格数据的叠置分析运算方法分为以下几类：

（1）布尔逻辑运算。栅格数据一般可以用布尔逻辑算子及运算结果的文氏图表示其运算思路和关系。布尔逻辑为 AND、OR、XOR、NOT。用户也可以组合更多的属性作为检索条件，进行更复杂的逻辑选择运算。

（2）重分类。这是将属性数据的类别合并或转换成新类。对原来数据中的多种属性类型，按照一定的原则进行重新分类，以便于分析。重分类时必须保证多个相邻接的同一类别的图形单元获得相同的名称，并将图形单元合并，从而形成新的图形单元，如图 7-5 所示。

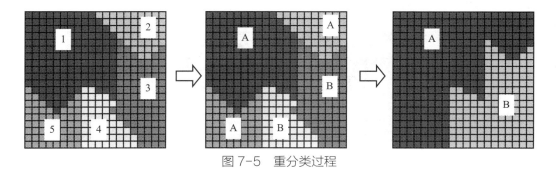

图 7-5　重分类过程

（3）数学运算方法。这是指不同层面的栅格数据逐网格按一定的数学法则运算，从而得到新的栅格数据系统的方法。

实验步骤

在 GIIUC 系统 "用在校园" 模块界面，进入左侧选项卡 "步道规划"（ ），按照功能设计要求完成实验。具体解析过程如下：

1. 实验数据

该功能所用到的实验数据为：山坡 DEM、登山入口、山顶凉亭。在 "步道规划" 选项卡中，分别勾选三个实验数据复选框，即可在地图界面浏览当前的实验数据，如图 7-6 所示。

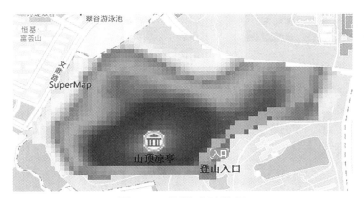

图 7-6　浏览实验数据

2. 提取栅格

基于山坡 DEM 数据，分别提取坡度栅格与起伏度栅格。选择数据集为 "山坡 DEM"，进行坡度分析，生成坡度栅格；选择数据集为 "山坡 DEM"，统计模式选择 "值域"，进行邻域统计分析，生成起伏度栅格。

3. 栅格重分级

对基于上述操作提取的栅格数据进行重分级。选择数据集为 "slope"，点击 "坡度重分级"，生成新的坡度栅格"R_slop"，如图 7-7 所示。

对起伏度栅格进行重分级，选择数据集为"T_relief"，点击"起伏度重分级"，生成新的起伏度栅格"R_T_relief"，如图 7-8 所示。

图 7-7　坡度重分级　　　　　　　　图 7-8　起伏度重分级

4. 栅格代数运算

基于重分级生成的坡度栅格和起伏度栅格，利用栅格代数运算来生成步道规划的成本数据。根据设定的成本要求，选择坡度成本为"R_slop"，权重值设置为 0.6，起伏度成本为"R_T_relief"，权重值设置为 0.4，生成成本数据"cost"，如图 7-9 所示。

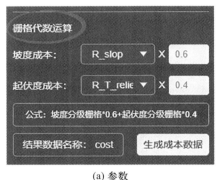

(a) 参数　　　　　　　　　　　　　　(b) 效果图

图 7-9　栅格代数运算

5. 计算最短路径

在"计算最短路径"的操作区，起点数据选择"登山入口"，成本数据选择"cost"，终点数据选择"山顶凉亭"，点击"生成登山步道"，可以得到如图 7-10 所示的结果。

实验结果

在上述实验步道规划的应用中，获取新的坡度栅格与起伏度栅格、计算所需成本数据的过程都用到了栅格数据的叠置分析。前者属于栅格数据叠置分析中的重分类运算方法，后者属于栅格数据叠置分析中的数学运算方法。

栅格数据的叠加可以用于数理统计，也可

图 7-10　登山步道

进行最基本的类型叠加。在各个领域都能涉及栅格数据叠加的应用。例如，将土壤图与植被图进行叠加，可得出土壤与植被分布之间的关系，从而进行动态变化分析及几何特征提取等。除此之外，在各类地质综合分析中，栅格方式的叠置分析也十分有用。很多种类的原始资料如化学探测资料、微磁场资料等，都是离散数据，容易转换成栅格数据，因而便于栅格方式的叠置分析。

问题 73 请在 GIIUC 系统中规划校园班车路线，并指出使用了哪种叠置分析功能。

在实际项目或系统中，经常利用叠置分析解决问题，或者将它与其他的 GIS 空间分析方法结合起来使用。例如，我们需要了解某一个行政区内的土壤分布情况，就可以根据全国的土地利用图和行政区规划图，对这两个数据进行叠加，从而得到需要的目标数据。在 GIIUC 系统中，班车路线规划功能也使用了叠置分析方法，请读者思考这里具体使用了矢量数据叠置分析中的哪一种运算方法。

实验目的

（1）了解矢量数据叠置分析的主要方法。
（2）结合实际，利用矢量叠置分析方法解决具体空间分析问题。

问题解析

矢量数据结构的叠置分析包括：点与多边形叠置、线与多边形叠置、多边形叠置。

点与多边形叠置，是指一个点图层与一个多边形图层相叠加。叠置分析的结果往往是将其中一个图层的属性信息注入另一个图层，基于所得到的新数据图层，通过属性直接获得点与多边形叠加所需的信息。

线与多边形的叠置同点与多边形叠置类似，是指一个线图层与一个多边形图层相叠。叠置结果通常是将多边形图层的属性注入另一个图层中。

多边形叠置是叠置分析中最经典的形式。将两个或多个多边形图层叠加，产生一个新的多边形图层，新图层的多边形是原来各图层多边形相交分割的结果，每个多边形的属性含有原图层各个多边形的所有属性数据。

实验步骤

在 GIIUC 系统"用在校园"模块界面，进入左侧选项卡的"班车规划"（🚌），根据设计要求完成实验，具体解析过程如下：

1. 实验数据

该功能所用到的实验数据为：高频活动轨迹、行车道、班车起始点。在"班车规划"选项卡中，实验数据复选框中勾选"高频活动轨迹""行车道""班车起始点"，可在地图中进行浏览。

2. 获取高频行车道

基于校内行车道与师生的高频活动轨迹数据，获取班车通行的高频行车道。选择源数据为"行车道"，叠加数据为"高频活动轨迹"，叠加方式选择"求交"。叠置分析的结果如图 7-11 所示。

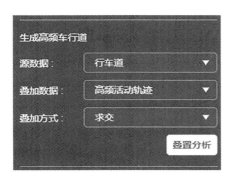

(a) 参数　　　　　　　　　　　　　(b) 效果图

图 7-11　生成高频行车道

3. 生成最佳路线

基于上述生成的高频行车道数据，通过设置途径点，规划从起点茶苑，途径点，到终点综合教学实验楼的最佳路线，站点须设置在高频行车道上，涵盖教学楼与校园公共服务设施点。点击"站点拾取"按钮，选取站点 1 "校医院"、站点 2 "笃学楼"、站点 3 "北区食堂"，生成的最佳路线如图 7-12 所示。

实验结果

通过上述操作我们知道，在 GIIUC 系统的班车规划功能中，获取高频行车道的过程用到了矢量数据的叠置分析，属于矢量数据的多边形与多边形的叠置运算方法。

在实际生活中，多边形叠置应用得也比较广泛。例如进行土地资源分析，就需要把土地利用图与土壤分布图、DTM 模型的数据进行叠置，得到一系列的分析结果，为土地利用规划等提供依据。

除了多边形的叠置，矢量数据的叠置分析还包括点与多边形叠置、线与多边形叠置。对于它们的属性信息，在叠加时应该如何处理呢？例如，点与多边形叠置，最简单的方式

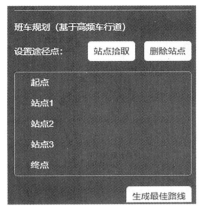

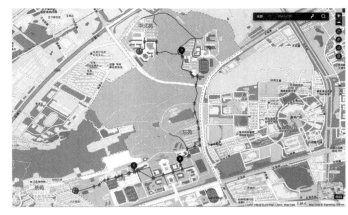

(a) 参数   (b) 效果图

图 7-12　生成最佳路线

就是将多边形属性信息叠加到其中的点上，或者点的属性叠加到多边形上，用于标识该多边形。通过点与多边形叠置可以查询每个多边形里有多少个点，以及落入各多边形内部点的属性信息。这几类叠置分析方法可以用于查询各城镇各种农作物的分布情况。

7.5　缓冲区分析

问题 74　请在 GIIUC 系统中实现实验站选址规划。

在为商场、学校、医院、商铺这些服务区域选址时，往往需要考虑很多因素，比如它们处于什么样的地段？邻近什么商区？附近是否有地铁等公共交通？这些地理空间实体的服务范围在尺度上的表现就是 GIS 的邻近度问题，我们该如何解决地理空间实体的邻近度问题呢？请读者结合 GIIUC 系统思考，若要在学校修建几个小型实验站，要求处在配电房 300 m 范围内，并且距离道路两侧不超过 30 m，则应该如何选址。

实验目的

（1）理解缓冲区分析的概念与应用场景。
（2）结合实际情况，利用缓冲区分析方法解决具体空间分析问题。

问题解析

本实验问题可以利用缓冲区分析的方法求解。缓冲区分析是根据数据库的点、线、面等实体，自动建立其周围一定宽度范围内的缓冲区域，从而实现空间数据在水平方向得以扩展的信息分析方法。

缓冲区建立的形态多种多样，这是根据缓冲区建立的条件来确定的。从缓冲对象方面来看，它们可分为点缓冲区、线缓冲区和面缓冲区三大类。

实验步骤

在 GIIUC 系统"用在校园"模块界面的左侧选项卡中选择"建站选址"（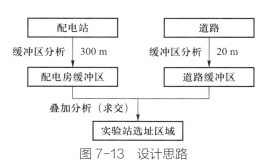），利用该功能实现学校小型实验站的选址。具体解析过程如下：

1. 功能设计思路

针对实验站选址的要求，对配电站进行 300 m 范围的缓冲区分析，对道路进行 30 m 范围的缓冲区分析，再基于缓冲区结果进行叠置分析，得到适合实验站选址的范围区域。功能设计思路如图 7-13 所示。

2. 获取配电房和道路数据的缓冲范围

基于学校配电房数据与学校道路数据，分别对其进行缓冲区分析。缓冲数据选择"配电房数据"，缓冲半径输入"300"，生成配电房缓冲区。缓冲数据选择"道路数据"，缓冲半径输入"30"，生成道路缓冲区，结果如图 7-14 所示。

图 7-13　设计思路

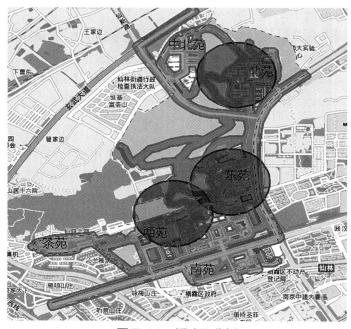

图 7-14　缓冲区分析

3. 获取符合实验站选址的区域

基于上述操作得到的配电站缓冲区数据与道路缓冲区数据进行叠置分析，源数据选择"配电站缓冲区结果数据集"，叠加数据选择"道路缓冲区结果数据集"，叠加方式选择"求交"，分析得到最终实验站选址区域。

实验结果

通过上述结果可以知道，针对实验站选址的问题，首先利用缓冲区分析获得配电房，以及道路的邻近度服务范围，然后利用叠置分析对两个服务范围进行求交运算，从而得到满足两个条件的最终备选区域。

从缓冲区分析原理来说，点缓冲区的建立比较简单，对点状要素直接以其为圆心，以要求的缓冲区距离大小为半径绘圆，所包容的区域即所要求的区域。点状要素因为是在一维区域里，所以较为简单。而线状要素和面状要素则比较复杂，它们缓冲区的建立是以线状要素或面状要素的边线为参考线，来作其平行线，并考虑其端点处建立的原则，在实际工作中处理起来要复杂得多。最常见的两种方法为角平分线法和凸角圆弧法，在 GIS 软件中往往以平头缓冲和圆头缓冲来实现。在本实验中对道路制作的缓冲区实际上采用的是凸角圆弧法，可以看到在缓冲区结果里，在轴线收尾点处，针对凸侧用了圆弧弥合的处理原则。

7.6　窗 口 分 析

问题 75　GIIUC 系统是如何利用校园 DEM 获得校园地形起伏度的？

地学信息除了在不同层面的因素之间存在一定的制约关系外，还表现在空间上存在一定的关联性。对于栅格数据而言，其中的栅格往往会影响其周围栅格的属性特征。例如，地形的起伏度就是一个区域地形特征的宏观性指标，特定区域内最高点海拔高度与最低点海拔高度的差值。请读者思考，在 GIIUC 系统中如何利用校园高程数字模型来获取校园的地形起伏度。

实验目的

（1）了解窗口分析的概念和应用场景。
（2）结合实际情况，利用窗口分析方法解决具体空间分析问题。

问题解析

上文提及的问题，可以通过窗口分析的操作来实现。窗口分析，是开辟一个有固定分析半径的分析窗口，在该窗口内进行诸如极值、均值等一系列统计计算。比如起伏度问题就可以利用窗口分析解决。就具体实现来说，窗口分析一般在单个图层上进行。进行分析时，首先选择合适的窗口大小、窗口类型，确定分析的目的，指定分析选用的运算函数，从最初点开始进行运算得到新的栅格值，按次序逐点扫描整个格网进行窗口运算最后得到新的图层。

在一些 GIS 软件中，可以利用邻域分析工具实现窗口分析功能。

实验步骤

在 GIIUC 系统 "住在校园" 模块界面，点击 "地形" 选项卡（），将光标移至界面左下角图娃图标（）上，在弹出的窗口点击 "窗口分析的统计运算" 菜单右侧的图标（），观看视频。具体步骤如下：

在 SuperMap iDesktop 软件中，依次单击 "空间分析" "栅格分析" "栅格统计" "邻域统计" 按钮。在弹出的 "邻域统计" 对话框中，源数据的数据集选择 "DEM"。勾选 "忽略无值数据" 选项，统计模式选择 "值域"，邻域形状选择 "矩形"，宽度高度保持默认，结果数据集名称设置为 "Neighbour"，然后点击 "确定" 按钮，就可以生成起伏度栅格数据 "Neighbour"，如图 7-15 所示。

(a) 参数

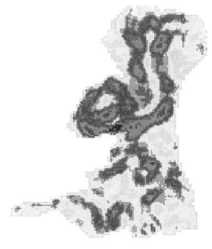

(b) 效果图

图 7-15　邻域统计

实验结果

通过观看 GIIUC 系统中的演示视频我们知道，基于校园的数字高程模型，利用窗口分析的统计运算方法，可以提取校园的地形起伏度。在上述实验操作中，执行分析时，统计模式所选择的 "值域"，表示统计计算指定区域内栅格像元值的范围，即区域内的最大值减去最小值，符合地形起伏度的计算要求。

除了值域的统计运算方法，窗口分析的统计运算还包括平均值、最大值、最小值、中值、求和、标准差、范围等。不同的统计运算方法所使用的条件不同，能实现的效果也不同，因此它们的应用十分广泛。例如，可以使用统计模式中的平均值进行图像处理，达到平滑的效果，从而去除噪声或过多的细节。

问题 76　GIIUC 系统中校园地形中的坡度是如何计算的？

如果要在一座山上建造房子，就需要找到山上比较平坦的区域。如果要在山上建设滑雪场，就需要选择不同的坡度区域分别建设初级滑道、中级滑道和高级滑道，以满足不同水平的滑雪爱好者。如果参与紧急事件的救援飞机着陆，就需要找到地面相对平坦的区域。此外，农业管理部门在耕地坡度等级中规定，25° 为开荒限制坡度，不可在 25° 以上的荒地种植。对于这些问题，规划人员都需要考虑地形的坡度。请读者思考，GIIUC 系统中校园地形的坡度是如何计算的。

实验目的

掌握窗口分析的函数运算方法，并利用其解决实际问题。

问题解析

要回答上述问题，需要了解坡度计算用到的窗口分析函数运算方法。在窗口分析中，窗口分析类型运算方法除了基本的统计运算，还包括函数运算方法。函数运算方法是在选择分析窗口后，以某种特殊的函数或关系式，如滤波算子，坡度计算等，来进行从原始栅格值到新栅格值的运算。

图 7-16　中心点为 e 的 3×3 窗口

坡度计算一般采用拟合曲面法，拟合曲面一般采用二次曲面，即 3×3 的窗口，每个窗口的中心为一个高程点，如图 7-16 所示。

在图 7-16 中，中心点 e 的坡度计算公式如下：

$$Slope = \arctan\sqrt{Slope_{we}^2 + Slope_{sn}^2}$$

其中，$Slope$ 为坡度，$Slope_{we}$ 为 X 轴方向的坡度，$Slope_{sn}$ 为 Y 轴方向的坡度。关于 $Slope_{we}$、$Slope_{sn}$ 的计算可以采用以下方法：

$$Slope_{we} = \frac{e_1 - e_3}{2 \times Cellsize}$$

$$Slope_{sn} = \frac{e_4 - e_2}{2 \times Cellsize}$$

式中，e_1，e_2，e_3，e_4 表示与中心点 e 相邻的四个像元值，$Cellsize$ 为格网 DEM 的间隔长度。

图 7-17 就是某栅格点坡度函数运算图层的示意。坡度计算就是计算各像元平面的平均值。

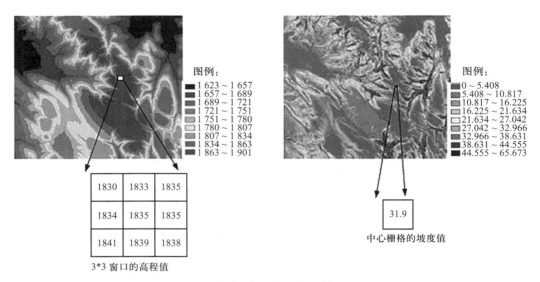

3*3 窗口的高程值

中心栅格的坡度值

图 7-17　栅格点坡度函数运算图层示意

实验步骤

在 GIIUC 系统"住在校园"模块界面，左侧点击"地形"选项卡（ ），勾选"查看校园 DEM"复选框。点击"栅格值查询"，并将光标移至地图浏览窗口，持续放大并查看校园 DEM。点击其中一个正方形作为中心像元查看其栅格信息，并划分出 3×3 分析窗口。

以 92 行 60 列的栅格单元为例，如图 7-18（a）所示，框线内的区域是划分的 3×3 分析窗口。利用栅格值查询功能，记录分析窗口内的其他 8 个像元的高程值。在"地形"选

(a) 中心像元高程值查询

(b) 中心像元坡度值查询

图 7-18　栅格值查询

项卡中，点击"浏览校园坡度"单选框，找到刚刚设定的中心像元（92 行 60 列），点击查询并记录该像元的坡度值为 5.3°，如图 7-18（b）所示。

实验结果

利用上述计算 x 轴方向、y 轴方向的坡度算法，将与中心点相邻的像元高程值代入其中，可计算出：

$$Slope_{we} = \frac{53-55}{2\times 15} = -\frac{1}{15}$$

$$Slope_{sn} = \frac{56-54}{2\times 15} = \frac{1}{15}$$

再将 $Slope_{we}$ 与 $Slope_{sn}$ 代入坡度计算的公式中：

$$Slope = \arctan\sqrt{\left(-\frac{1}{15}\right)^2 + \left(\frac{1}{15}\right)^2}$$

这里得到坡度值约为 5.3°，与 GIIUC 系统中利用栅格值查询得到的中心像元的坡度值相同。GIS 软件往往提供了坡度计算的功能。SuperMap iDesktop 软件的坡度分析功能就是基于这种原理进行的计算，从而获取坡度值。

7.7　网　络　分　析

问题 77　请基于 GIIUC 系统，为你今天的行程规划最佳路径。

出行旅游需要我们规划行程，去什么地方游玩，如何到达目的地，怎么合理利用时间，等等。那我们规划行程无非就是想在最短的时间内或者选择最近的路径到达目的地。假如，校内某大学生一天的行程是从西苑宿舍出发，上午先到行敏楼上课，结束后到东区食堂就餐，午餐后到敬文图书馆归还图书，下午再到大学生活动中心参加课外活动。请读者根据设定条件，借助 GIIUC 系统来为这位学生一天的行程规划最佳路径。

实验目的

（1）理解矢量网络分析原理及方法。
（2）利用矢量网络分析方法解决具体空间分析问题的能力。

问题解析

要回答上述问题，首先需要了解矢量网络分析。网络分析分为矢量网络分析和栅格网络分析两种类型。在 GIS 中，矢量网络分析是依据网络结构的拓扑关系，通过考察网络要素的空间及属性信息，以数学理论模型为基础，对地理网络、城市基础设施网络等网状事物进行的地理分析。从应用功能的角度出发，可以把矢量网络分析划分为路径分析、最佳选址、资源分配和地址匹配。

上述提及的问题的本质就在于其中的路径分析应用。在一个网络上，路径的确定非常复杂，无法直接计算，所以"计算机网络上两点的距离"在大多数情况下，都被称为"最短路径计算"。

最佳路径分析就是指网络中两点之间阻力最小的路径。如果是对多个结点进行最佳路径分析，那么必须按照结点的选择顺序依次访问。阻力最小有多种含义，如基于单因素考虑的时间最短、费用最低、路况最佳、收费站最少等，或者基于多因素综合考虑的、路况最好且收费站最少等。

实验步骤

在 GIIUC 系统"住在校园"模块界面右侧查询工具栏中，使用"路径分析"工具（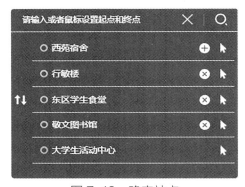），规划最佳的行程路线。

根据假定的条件可知，行程中的起点为西苑宿舍，终点为大学生活动中心，途径点按照顺序依次为：行敏楼、东区学生食堂、敬文图书馆。

1. 确定起点、途径点、终点

在地图界面右侧查询工具栏中，点击"路径分析"，在弹出的对话框中输入起点"西苑宿舍"、终点"大学生活动中心"，点击"加号"按钮（），依次输入途径点，如图 7-19 所示。

图 7-19　确定站点

2. 路径分析

设置完成后，点击"查询"按钮，生成最佳的行程路线，结果如图 7-20 所示。在地图界面左侧结果选项卡中可查看当前行程的具体路线指引。

实验结果

在上述实验操作中，通过路径分析可以为学生的行程规划最佳路径，可以解决在校园内"寻找路径"的问题，也可以为新生入校时起到指引的作用。

在生活中，我们也常常需要找出两点之间的最佳路径，例如，抢险救灾需要救援人员在第一时间内赶到事故现场，就要考虑时间最短这一限定条件；而在物流运输过程中，就需要找到运输费用最小的路径。所以，在不同的场景下我们需要考虑的成本因素也有所不同。除此之外，路径分析在城市交通规划、城市管线设计、服务设施分布选址等方面都有着广泛的应用。

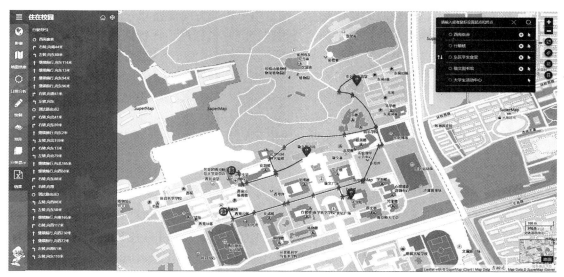

图 7-20 路径分析

问题 78 请思考 GIIUC 系统步道的规划过程，是如何获得登山入口到山顶凉亭的最佳路径的。

前面我们学习了基于矢量数据为行程规划最佳路径，即在网络中计算两点或者多点之间距离最短的路径。那么对于栅格数据来说，其特点是栅格本身存储简单，隐含了位置关系，在数据组织上也无须特别安排，因此在路径分析上具有独特的优势。请读者基于 GIIUC 系统的步道规划功能，思考这一实现过程中是如何获得从登山入口到山顶凉亭的最佳路径的。

实验目的

（1）理解栅格网络分析原理及方法。
（2）利用栅格网络分析方法解决具体空间分析问题。

问题解析

要实现基于栅格数据的路径分析，通常可以基于距离栅格计算的方法。基于距离栅格计算是对每一个栅格距离其邻近像元（源）的空间距离进行的分析，不仅要考虑栅格表面距离，还要考虑成本等各种耗费因素的影响。距离栅格分析主要包含以下三方面的内容：

（1）生成距离栅格。计算每个栅格单元到最近源（感兴趣的对象）之间的距离，包括直线距离、耗费距离和表面距离三种类型，以及生成相应的方向栅格和分配栅格。

183

（2）分析得出目标地到源的最短路径。这里主要根据方向栅格和分配栅格获得。

（3）计算两点（源点和目标点）间的最短路径。它包括最小耗费路径、最短表面距离路径。

实验步骤

在 GIIUC 系统"用在校园"模块界面，点击"步道规划"选项卡（），将光标移至界面左下角图娃图标（）上，在弹出的窗口点击"栅格成本距离分析"右侧的图标（），观看视频。具体步骤如下：

1. 生成距离栅格，计算距离方向

在 SuperMap iDestop 软件中，依次单击"空间分析""栅格分析""距离栅格""生成距离栅格"按钮，在弹出的对话框中，源数据的数据集选择"Entrance"，耗费数据集选择"MathAnalystResult"，结果数据中距离数据集名称设置为"DistanceGrid"，方向数据集名称设置为"DirectionGrid"，分配数据集名称设置为"AllocationGrid"，其他参数保持默认，得到计算的距离方向栅格，如图 7-21 所示。

图 7-21　生成距离栅格

2. 计算最短路径，获取步道路线

依次单击"空间分析""栅格分析""距离栅格""计算最短路径"按钮，在弹出的对话框中，目标数据的数据集选择"Pavilion"，距离数据集选择"DistanceGrid"，方向数据集选择"DirectionGrid"，路径类型选择"像元路径"，如图 7-22 所示，得到最佳步道路径。

实验结果

通过观看 GIIUC 系统中的演示视频我们知道，最佳的步道路径是通过距离栅格分析生成的距离栅格与方向栅格得到的，因为建设的登山步道不考虑水上步桥的建设，需要避开水域，所以这里的距离栅格与方向栅格都属于耗费栅格。GIIUC 系统的步道规划功能也

图 7-22　计算最短路径

是基于此原理进行的分析，详细步骤可参考问题 73，这里不再赘述。

　　在实际应用中，因为直线距离是一种理想化的距离，多用于经过的路线没有障碍或等同耗费的情况，所以它往往不能满足要求。例如，救援飞机飞往最近的医院时，空中没有障碍物，因此采用哪条路线的耗费均相同，就可以采用直线距离的方法，但遇到河流、高山、飞鸟等障碍物就需要绕行，这时就需要考虑其耗费距离，进行最短路径的计算。

第8章 DEM 与数字地形分析

8.1 概 述

本章主要基于《主教程》第 8 章 "DEM 与数字地形分析"部分的内容,围绕 DEM 的基本概念、DEM 建立方法与数字地形分析等知识点,设计了 "GIIUC 系统中 DEM 数据表达与特征描述指标" "GIIUC 系统中 DEM 建立的基本方法" "GIIUC 系统中地形因子计算与特征提取"等 7 个实验问题,知识点与具体实验问题的对应详见表 8-1。通过本实验,读者将在掌握 DEM 基本概念与表达的基础上,具备初步的 DEM 建立、基于 DEM 的地形参数计算与特征提取的能力。

电子教案
第 8 章

表 8-1 DEM 与数字地形分析实验内容

实验内容		实验设计问题
8.2	基本概念	079 请思考 GIIUC 系统校园 DEM 数据的每个栅格值代表什么含义。
		080 请基于 GIIUC 系统中校园 DEM 数据分析,阐述学校的地形特征。
8.3	DEM 建立	081 请基于外业采集得到的校园高程点,思考该如何构建其 DEM 数据。
		082 请思考 GIIUC 系统的等高线图是如何制作的,并解读这幅等高线图。
8.4	数字地形分析	083 思考 GIIUC 系统是如何基于 DEM 数据提取坡度数据的。
		084 通过 GIIUC 系统设计出适宜骑行区域、较不适宜骑行区域与骑行费力区域。
		085 GIIUC 系统的登山步道规划过程涉及了哪些地形指标的应用?

8.2 基 本 概 念

问题 79 请思考 GIIUC 系统校园 DEM 数据的每个栅格值代表什么含义。

在地理信息系统的空间分析工作中,许多分析背景都与地面的起伏情况有直接或间接的关联,描述地面起伏情况的数字高程模型作为地理信息系统的基础数据,被广泛应用于各个研究领域。DEM 是 GIS 工作者时常使用的数据，它通过怎样的方式表达一个地区的地表高程变化呢？在 GIIUC 系统中打开校园 DEM 数据，持续放大查看 DEM 数据是如何表达的？查询栅格值并思考其值代表什么含义？

实验目的

理解数字高程模型的概念。

问题解析

本实验问题的解题关键在于对数字高程模型的理解。数字高程模型（digital elevation model，简称 DEM）是通过有限的地形高程数据实现对地形曲面的数字化模拟。在数学意义上讲，数字高程模型就是定义在二维空间上的连续函数 $H=f(x, y)$。

DEM 最主要的表示模型有规则格网 DEM、不规则三角网 TIN、基于点的 DEM 和基于等高线的 DEM 等，其中规则格网结构简单，算法设计明了，在实际运用中被广泛采用。规则格网通常是正方形、矩形或三角形，它将区域空间切割分为规则的格网单元，每个单元对应一个高程值。

实验步骤

在 GIIUC 系统"住在校园"模块界面左侧点击"地形"选项卡，勾选"查看原始 DEM"和"查看校园 DEM"复选框，点击"栅格值查询"按钮并将光标移至地图浏览窗口，持续放大并查看 DEM，可以看到 DEM 数据由一个个正方形构成，点击其中一个正方形查看栅格信息，如图 8-1 所示。

图 8-1　DEM 栅格值查询

实验结果

通过探寻答案部分的操作，我们知道校园 DEM 数据由正方形格网来表示，用点栅格的观点来解释，认为该格网单元的数值是格网中心点的高程或该格网单元的平均高程，该栅格查询结果表示该格网单元对应地表的高程为 50 m。

问题 80　请基于 GIIUC 系统中校园 DEM 数据分析，阐述学校的地形特征。

陡峭的山坡，向阳的坡向，地表高低起伏等，都是我们在日常生活中对某个地点或地区的地形描述，这些描述地形特征的指标可以通过 DEM 数据派生得到。基于 GIIUC 系统中校园 DEM 数据分析，请阐述学校的地形特征。哪个区域地势较高，哪个区域地势较低，最高和最低高程分别是多少？还有哪些地形特征指标可以描述校园的地形特征？

实验目的

（1）了解数字地形分析的内容。
（2）掌握数字地形分析的主要方法。

问题解析

本实验问题的关键在于对数字地形分析的主要内容的了解。数字地形分析（digital terrain analysis，DTA）是指在数字高程模型上进行地形属性计算和特征提取，其内容主要有两方面：一是提取描述地形属性和特征的因子，并利用各种相关技术分析解释或划分地貌形态等；二是 DTM 的可视化分析。根据分析内容，常用的数字地形分析方法包括提取坡度、坡面曲率、流域分析、可视域分析等。

本实验重点讲述坡面地形因子，从地形地貌的角度考虑，地表是由不同的坡面组成的，而地貌的变化，完全源于坡面的变化。常用的坡面地形因子有坡度、坡向、平面曲率、坡面曲率、地形起伏度、粗糙度、切割深度等。

实验步骤

在 GIIUC 系统"住在校园"模块界面左侧点击"地形"选项卡，点击"查看地形数据基本信息"按钮，系统会显示出校园 DEM 数据的基本信息，如图 8-2（a）所示，其中给出校园 DEM 的最大值为 87，最小值为 13。勾选"查看校园 DEM"复选框，结合栅格值查询工具浏览并查询 DEM 数据的栅格值，地图窗口如图 8-2（b）所示。我们了解到 DEM 数据渲染颜色趋于棕红色的地方是地势较高的区域，颜色趋于黄绿色的地方是地势较低的区域。

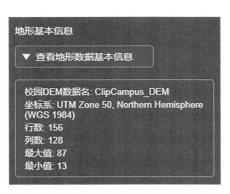

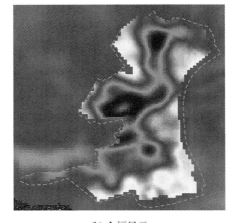

彩图 8-2
地形数据
基本信息

(a) 基本信息　　　　　　　　(b) 全幅显示

图 8-2　地形数据基本信息

　　选择地形特征信息中"浏览校园起伏度"查看校园的地形起伏度图，如图 8-3（a）所示。选择"浏览校园坡度"查看校园地形坡度图，如图 8-3（b）所示。

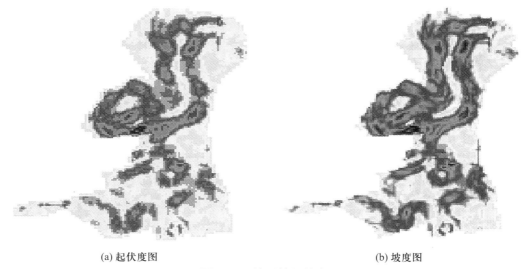

(a) 起伏度图　　　　　　　　　　　(b) 坡度图

图 8-3　地形特征信息

实验结果

　　通过在 GIIUC 系统中浏览校园 DEM 数据的基本信息并查看全幅校园 DEM，我们了解到校园区域内整体海拔偏低，最高海拔为 87 m，最低海拔为 13 m。校园区域中部存在 DEM 栅格值明显偏高的区域，该区域对应的小山坡地势相对较高，校园东南角区域存在 DEM 栅格值偏低的区域，该区域地势相对较低。除了高程值以外，地形起伏度及坡度等指标都可以用来描述校园地形特征。

8.3 DEM 建立

问题 81 请基于外业采集得到的校园高程点，思考该如何构建其 DEM 数据。

读者已经了解了 DEM 的表示方式和用途。在实际工作中，当我们需要使用 DEM 数据时，可以通过哪些方式获取呢？读者可以在相关网站或第三方数据提供者那里通过申请或购买获得成品 DEM 数据。除了以上方式，请结合 GIIUC 系统思考，基于外业采集得到的校园高程点数据是否可以通过建模获得，若可行，则该如何构建呢？

实验目的

（1）了解构建 DEM 的一般步骤。
（2）理解栅网 DEM 的构建思路与方法。

问题解析

DEM 数据采集的方式包括地面测量、现有地图数字化、空间传感器和数字摄影测量方法，通过外业采集获得的高程数据需要基于一个模型建立的过程得到数字高程模型。以格网 DEM 的建立为例，其构建过程的步骤如下：① 在二维平面上对研究区域进行格网划分；② 确定属性值为高程值；③ 确定内插函数；④ 利用分布在格网点周围的地形采样点内插求取格网点的高程值；⑤ 按一定格式输出形成该地区的格网 DEM，构建流程如图 8-4 所示。

DEM 构建过程中的关键环节是根据采样点内插计算格网点的高程值，其中涉及的内插方法是 DEM 的核心问题。随着 DEM 的发展和完善，多种高程内插方法被提出，根据不同的分类标准，有不同的内插分类方法，如规则分布内插方法、整体内插方法、克里金内插等。

实验步骤

在 GIIUC 系统的"住在校园"模块，点击"地形"选项卡，将光标移至界面左下角图娃图标（👩）上，在弹出的窗口点击"建立格网 DEM"右侧的图标（📹），观看视频。具体步骤如下：

在 SuperMap iDesktop 软件中查看"高程点"数据集并浏览其属性表，如图 8-5 所示，其中 Z 字段中保存了该点的高程值。

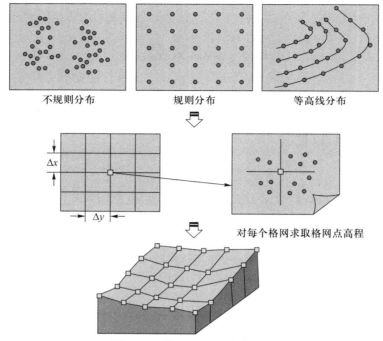

图 8-4　格网 DEM 构建流程

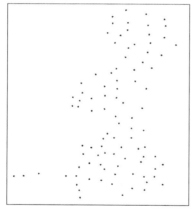

(a) 点的实际几何位置

序号	SmUserID	Z
1	0	40.646367
2	0	48.08631
3	0	45.723943
4	0	41.243282
5	0	51.876109
6	0	61.249403
7	0	56.793177
8	0	38.424164
9	0	28.619613
10	0	59.294511

(b) 点的属性

图 8-5　高程点及其属性表

　　在"空间分析"选项卡"栅格分析"组中点击"DEM 构建"弹出"DEM 构建"窗口，添加"高程点"数据集并设置"高程字段"为"Z"字段；在"参数设置"栏"基本设置"中"插值类型"选择"克里金内插法"，其他设置保持默认，在"结果数据"栏中"分辨率"设置为"15"，其他参数保持默认；"其他设置"中"范围数据"栏裁剪数据源设置为"Campus"，"数据集"设置为"范围"数据集，点击"确定"执行操作，如图 8-6 所示。

(a) 参数设置

(b) 其他设置

图 8-6　DEM 构建工具设置

实验结果

通过观看 GIIUC 系统中关于格网 DEM 建立的演示视频，我们了解到除了从互联网或第三方数据提供者那里获得成品 DEM 数据外，还可以基于外业采集的高程点数据，使用高程点数据中的高程值字段利用 GIS 软件，在 DEM 构建工具中通过选择空间内插方法，设置格网分辨率来获得数字高程模型数据。

> **问题 82　请思考 GIIUC 系统的等高线图是如何制作的，并解读这幅等高线图。**

在读者查看 GIS 中的数据时，可能会遇到利用线对象来描述地形信息的数据，这些线对象呈圈状显示，有的地方密集，有的地方稀疏，我们称这样的数据为等高线模型数据。请读者思考等高线中的线对象代表什么，它们的分布情况体现了怎样的地形特征。请通过 GIIUC 系统为晨读和运动爱好者提供一份绿色山坡的等高线图，思考这样一幅等高线地图该如何获取，并通过等高线判断从哪个方向爬山会比较轻松。

实验目的

（1）掌握构建等高线的思路与方法。

（2）能够通过等高线解读区域的地理特征。

问题解析

本实验问题主要涉及构建等高线的方法与等高线概念的理解。

等高线 DEM 的构建实际上是将数据源转换为特定 DEM 结构的过程，该过程包含以下几个步骤：① 选择合适的空间模型（利用规则格网或不规则三角网 TIN）；② 确定内插函数；③ 利用内插函数求取指定点上的函数值。

在利用格网 DEM 生成等高线时，根据格网 DEM 中相邻四个点组成四边形进行等高线追踪，可以将每个矩形分割成为两个三角形，并应用 TIN 提取等高线算法生成等高线模型。

实验步骤

在 GIIUC 系统的"用在校园"模块，点击"登山地形"选项卡，将光标移至界面左下角图娃图标（🧒）上，在弹出的窗口点击"等高线的建立"右侧的图标（📷），观看视频。具体步骤如下：

打开 SuperMap iDesktop 软件，在"空间分析"选项卡的"栅格分析"组中点击"表面分析"选择"提取所有线"工具，弹出"提取所有等值线"窗口，设置源数据为"校园DEM"数据集，目标数据设置为"校园等高线"，结果信息栏默认设置；参数设置栏"等值距"设置为"5"，其他设置保持默认，点击"确定"按钮执行操作，如图 8-7 所示，获得校园等高线。

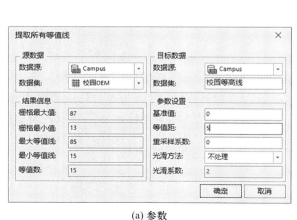

(a) 参数　　　　　　　　　　　　　　　　(b) 效果图

图 8-7　提取等高线

实验结果

通过观看 GIIUC 系统中关于等高线建立的演示视频,我们了解到利用 GIS 软件提供的等值线提取工具,可以基于格网 DEM 构建等高线模型。等高线稀疏的地方表示该区域地形较为平缓,等高线密集的地方表示该区域地形坡度较为陡峭。以校园山坡等高线为例,如图 8-8 所示,山坡东北向等高线稀疏的区域爬山路线比较平缓,山坡南向等高线密集的区域爬山路线比较陡峭。

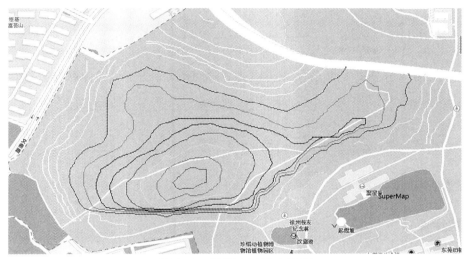

图 8-8　校园山坡等高线图

8.4　数字地形分析

问题 83　思考 GIIUC 系统是如何基于 DEM 数据提取坡度数据的。

珠穆朗玛峰是世界海拔最高的山峰,吸引了众多登山爱好者去挑战。攀登者们为了登上顶峰会精心设计攀登方案,而坡度就是需要考虑的一个重要因素。利用坡度图我们可以直观地观察到山势的陡峭程度。那么坡度是如何基于 DEM 数据提取出来的呢?请在 GIIUC 系统中浏览校园 DEM 数据,思考如何利用相邻像元计算中心像元的坡度。

实验目的

掌握坡度计算的原理与方法。

问题解析

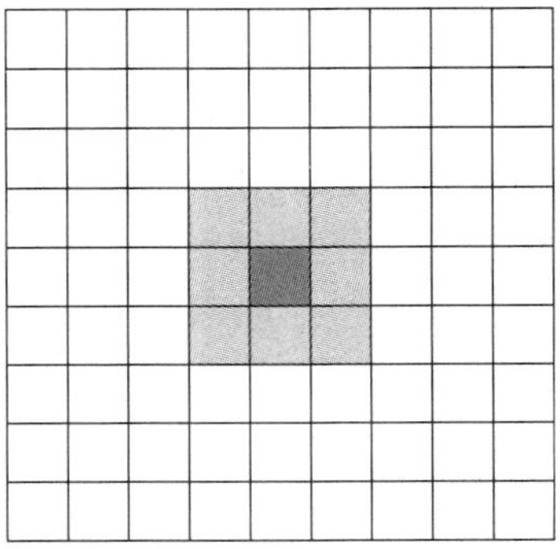

解答本实验问题需要了解坡度计算公式。

拟合曲面法是求解坡度最常用的方法，一般采用二次曲面，即 3×3 的 DEM 栅格分析窗口进行。如图 8-9 所示，分析窗口在 DEM 数据矩阵中连续移动完成整个区域的计算工作。

当具体进行坡度提取时，常采用简化的差分公式，其完整的数学表达式为：

$$Slope = \arctan\sqrt{f_x^2 + f_y^2}$$

图 8-9　3x3 分析窗口

常用的计算差分公式中的 f_x、f_y 的方法是三阶反距离平方权，其计算方法为：

$$f_x = \frac{z_{i-1,\,j+1} + 2z_{i,\,j+1} + z_{i+1,\,j+1} - z_{i-1,\,j-1} - 2z_{i,\,j-1} - z_{i+1,\,j-1}}{8g}$$

$$f_y = \frac{z_{i+1,\,j+1} + 2z_{i+1,\,j} + z_{i+1,\,j-1} - z_{i-1,\,j-1} - 2z_{i-1,\,j} - z_{i-1,\,j+1}}{8g}$$

式中：g 为格网间距。

实验步骤

在 GIIUC 系统"住在校园"模块界面左侧点击"地形"选项卡，勾选"查看校园 DEM"复选框，点击"栅格值查询"按钮并将光标移至地图浏览窗口，持续放大并查看 DEM，点击其中一个正方形作为中心像元查看其栅格信息，并划分出 3×3 分析窗口。以 89 行 62 列的栅格单元为例，如图 8-10 所示。利用栅格值查询功能，记录分析窗口内的其他 8 个像元的高程值。

在"地形"选项卡中，勾选"浏览校园坡度"单选框，找到刚刚设定的中心像元（89 行 62 列），点击查询并记录该像元的坡度值，如图 8-11 所示。

图 8-10　中心像元高程值查询

图 8-11　中心像元坡度值查询

实验结果

利用上述三阶反距离平方权法，将相邻 8 个像元的高程值代入公式，可计算出：

$$f_x = -\frac{3}{40}, \quad f_y = \frac{11}{120}$$

最后将 f_x、f_y 代入差分公式即可计算出中心像元的坡度

$$slope = \arctan\sqrt{\left(-\frac{3}{40}\right)^2 + \left(\frac{11}{120}\right)^2},$$

这里的坡度约为 6.7°，与在 GIIUC 系统中利用栅格值查询功能能得到的中心像元的坡度值相同。

问题 84　通过 GIIUC 系统设计出适宜骑行区域、较不适宜骑行区域与骑行费力区域。

地形坡度与我们的生活息息相关。在山地区域，坡度越大的地方越容易发生山体滑坡事件，是地质灾害重点监测点。在城市区域，人们步行和骑行线路一般会选择地形相对平缓的方案。在建筑物选址和道路规划过程中，坡度也是一个重要考虑因素。请读者结合 GIIUC 系统中的 DEM 数据和道路面数据，通过坡度分析找到校园内适宜骑行区域、较不适宜骑行区域与骑行费力的区域。

实验目的

（1）能够利用 GIS 软件实现坡度的计算。
（2）能够结合实际应用，灵活运用数字地形分析方法解决实际问题。

问题解析

坡度分析在地质灾害防治、生态环境保护及城市建设规划领域有着广泛的应用。不同的应用领域重点关注的坡度范围有所不同。按具体的应用方向，基于给定的坡度分级标准，利用重分级的方式将坡度数据重新分为不同的等级参与后续分析，可以提高坡度分析的应用效率并突出显示分析结果。

实验步骤

在 GIIUC 系统的"用在校园"模块，点击"骑行指南"选项卡，在设计要求栏点击"设计思路"按钮，查看设计思路图，如图 8-12 所示。

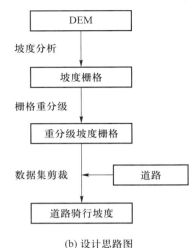

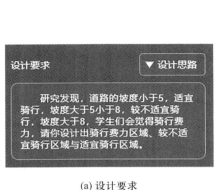

(a) 设计要求　　　　　　　　　　　(b) 设计思路图

图 8-12　设计要求及思路

　　在坡度分析栏，设置数据集为"校园 DEM 数据"，点击"坡度分析"按钮，界面右侧地图窗口将显示校园 DEM 数据的坡度分析结果校园坡度图，如图 8-13 所示。

　　在坡度重分级栏，数据集设置为"坡度分析的结果数据集"，根据设计要求，重分级标准为坡度（0°～5°）目标值设置为 1，坡度（5°～8°）目标值设置为 2，坡度（8°～22.57°）目标值设置为 3，点击"生成"按钮，生成校园坡度重分级结果图，如图 8-14 所示。

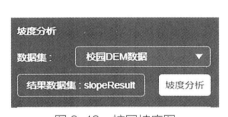

图 8-13　校园坡度图　　　　　图 8-14　校园坡度重分级结果图

　　在道路数据裁剪栏，裁剪数据选择"坡度重分级结果数据"，裁剪范围选择"道路数据"，裁剪方式选择"使用指定面数据集对象区域"，点击"生成"按钮，在地图窗口生成并显示道路坡度分级图，如图 8-15 所示。

实验结果

　　通过操作 GIIUC 系统提供的骑行指南功能界面，我们了解到基于 DEM 数据可以提取坡度数据。在具体工作中，为便于分情况分析，可以按实际情况利用重分级功能对坡度栅格数据进行重分级，得到所需的坡度分级图（这里为了研究骑行适宜坡度，将校园坡度图

(a) 参数

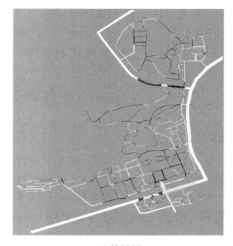
(b) 效果图

图 8-15　道路坡度分级图

分为三个等级）。基于校园道路面数据集裁剪重分级后的坡度数据，可以得到校园道路坡度分级图，其中颜色越浅的路段较适宜骑行，颜色较深的路段骑行比较费力。

问题 85　GIIUC 系统的登山步道规划过程涉及了哪些地形指标的应用？

丘陵区域有着绵延起伏的山丘美景，高低不平、错落有致，吸引了众多游客前去攀登游玩。为便于游客更好地欣赏沿路美景，规划人员通常会在景区修建登山步道，在步道规划过程中往往会综合考虑多种地形指标。基于 GIIUC 系统提供的校园山坡登山步道规划功能，结合步道设计思路，思考在该功能实现过程中涉及了哪些地形指标的应用，利用这些地形指标该如何规划设计线路。

实验目的

（1）理解数字地形分析的基本因子的定义和计算方法。
（2）结合实际，利用数字地形分析方法解决具体空间分析问题。

问题解析

本实验问题主要涉及对数字地形分析的综合运用。由 DEM 这种地形的数学模型可以派生许多地形指标因子，其中包括坡度、坡向等斜坡因子，也包括地形起伏度、地形粗糙度等面元因子。对坡度指标，本实验不再赘述，这里重点介绍地形起伏度指标。该指标描述地形表面较大区域内地形的宏观特征，是指在所指定分析窗口内所有栅格中最大高程与最小高程的差，可表示为如下公式：

$$RF_i = H_{max} - H_{min}$$

式中：RF_i 指分析区域内的地面起伏度；H_{max} 指分析窗口内的最大高程值；H_{min} 指分析窗口内的最小高程值。

在区域性研究中，利用 DEM 数据提取地形起伏度能够直观地反映地形起伏特征。

实验步骤

1. 查看设计要求及思路

在 GIIUC 系统的"用在校园"模块，点击"步道规划"选项卡，在设计要求栏点击"设计思路"按钮，查看设计思路图，如图 8-16 所示。

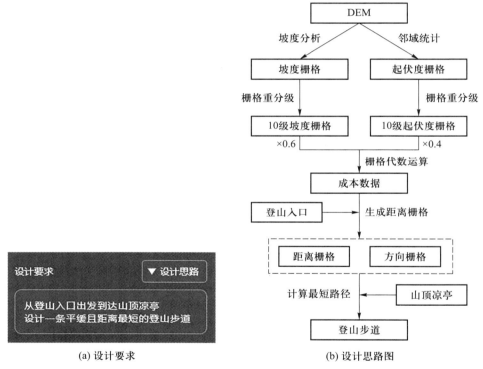

(a) 设计要求　　　　　　　　　　　　(b) 设计思路图

图 8-16　设计要求及思路

2. 坡度分析

在坡度分析栏，设置数据集为"山坡 DEM"，点击"坡度分析"按钮执行操作，界面右侧地图窗口显示山坡 DEM 数据的坡度分析结果山坡坡度图"slope"，如图 8-17 所示。

3. 邻域的统计（提取山坡起伏度图）

在邻域统计栏，源数据设置为"山坡 DEM"，统计模式设置为"值域"，点击"生成起伏度图"按钮执行操作，界面右侧地图窗口显示山坡 DEM 数据的邻域分析结果山坡起伏度图"T_relief"，如图 8-18 所示。

图 8-17 山坡坡度图

图 8-18 山坡起伏度图

4. 栅格重分级

（1）在栅格重分级栏，数据集设置为山坡坡度图"slope"，点击"坡度重分级"按钮执行操作，界面右侧地图窗口显示坡度重分级结果"R_slope"。

（2）在栅格重分级栏，数据集设置为起伏度图"T_relief"，点击"起伏度重分级"按钮执行操作，界面右侧地图窗口显示坡度重分级结果"R_T_relief"。

5. 栅格代数运算（计算成本栅格）

在栅格代数运算栏，坡度成本设置为"R_slope"*0.6，起伏度成本设置为"R_T_relief"*0.4，点击"生成成本数据"按钮，界面右侧地图窗口显示成本数据结果"cost"。

6. 计算最短路径

在计算最短路径栏，起点数据设置为"登山入口"，成本数据设置为"cost"，终点数据设置为"山顶凉亭"，点击"生成登山步道"按钮，界面右侧地图窗口显示登山步道规划设计结果，如图 8-19 所示。

(a) 参数　　　　　　　　　　　　(b) 效果图

图 8-19 登山步道规划设计结果

实验结果

通过操作 GIIUC 系统提供的步道规划功能界面，我们了解到基于 DEM 数据可以派生多个地形指标，包括坡度和起伏度数据。在这里，地形起伏度指标可以反映山坡地形的起伏情况，为步道规划提供科学决策依据。除了应用于城市规划领域，地形起伏度指标在水土流失研究中也能够反映水土流失类型区的土壤侵蚀特征，可以进行区域水土流失评价。由 DEM 派生的众多地形指标相互作用，综合运用多个地形指标叠置分析在水土保持、土壤侵蚀特征、地质灾害防治、生态环境评价等研究中都具有重要的应用价值。

第 9 章　GIS 空间统计分析

9.1　概　　述

本章主要基于《主教程》第 9 章 "GIS 空间统计分析" 部分的内容，围绕空间统计概述、基本统计量、探索性数据分析、空间数据常规统计与分析、空间插值、空间统计与空间关系建模等知识点，设计了 "GIIUC 系统中空间数据变量基本统计特征" "GIIUC 系统中变量的常规统计与分析" 等 6 个实验问题，知识点与具体实验问题的对应详见表 9-1。通过本实验，读者将在掌握空间数据基本分析的基础上，具备初步的空间数据统计与分析能力。

电子教案
第 9 章

表 9-1　GIS 空间统计分析实验内容

实验内容	实验设计问题
9.2　基本统计量	086　利用 GIIUC 系统统计哪个食堂的档口数最多，各食堂各类菜系占比情况。
9.3　空间数据常规统计与分析	087　利用 GIIUC 系统调查并统计空闲率达到 40% 的教学楼。
	088　根据 GIIUC 系统中的校园卡消费记录，制作校园各分区餐厅打卡数量统计图。
	089　请结合教学楼上课人数判断周一早上哪个食堂的就餐率可能更高。
9.4　空间数据插值	090　请利用 GIS 的方法设计并获得该区域的土壤湿度图。
9.5　空间统计分析与空间关系建模	091　从 GIIUC 系统中找出学校教学楼、宿舍、食堂的方向分布特征。

9.2　基本统计量

问题 86　利用 GIIUC 系统统计哪个食堂的档口数最多，各食堂各类菜系占比情况。

统计分析与我们的日常生活息息相关，例如学校运动会，需要统计单项目的第一名，整个团队的总得分，个人得分在团队中的占比等。这些最大值、总和、占比统计指标都是统计分析里面的基本统计量。在 GIIUC 系统中，根据收集的食堂信息，统计各食堂档口数、每个食堂各类菜系占比等，也是对基本统计量进行统计分析，从而方便了师生快速地了解校园食堂情况。

实验目的

了解空间统计基本统计量的概念及特征。

问题解析

统计分析是空间分析的主要手段，贯穿于空间分析的各个主要环节。统计分析的基础就是基本统计量，主要包括：最大值、最小值、极差、均值、中值、总和、众数、种类、离差、方差、标准差、变差系数、峰度和偏度等。这些统计量是数据特征的反映，集中体现了数据集的范围、集中情况、离散程度、空间分布等特征，对进一步的数据分析起着铺垫作用。本实验提及的最大值、总和、占比等都是统计分析的基本统计量。

实验步骤

在 GIIUC 系统"吃在校园"模块的左侧选项卡中进入"食堂分布"对话框（），通过分布的食堂信息，统计出各个食堂的档口数量、菜系类别，以及各类菜系在食堂的占比情况等，比较得出档口数最多的食堂。

1. 食堂档口信息

在"食堂分布"对话框中选择一个食堂，查看食堂的档口数量、菜系类别信息。如图 9-1 所示，根据表格中的序号，在统计餐厅档口总数后的输入框，输入所选食堂的档口总数，点击"提交"按钮，对食堂档口总数进行统计。

(a) 对话框

(b) 弹窗

图 9-1　食堂档口信息

2. 各类菜系在食堂的占比

根据所选食堂，在"食堂分布"对话框中选择"感兴趣的菜系类别"，点击"生成统计图表"按钮，生成感兴趣菜系类别占比统计图（这里为东区各类别美食占比），如图 9-2 所示。

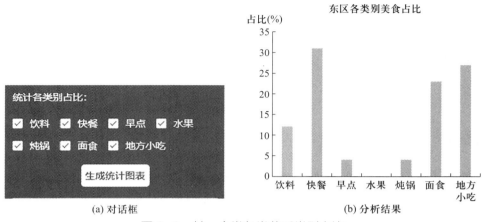

(a) 对话框   (b) 分析结果

图 9-2 某一食堂各类菜系类别占比

实验结果

利用食堂分布统计功能对 GIIUC 系统提供的食堂信息进行查询统计，得知各个食堂的档口数如表 9-2 所示。由该表得知档口数最多的食堂是西区食堂。此外，根据各个食堂的菜系类别统计图可知，东区食堂占比最大的类别是快餐，西区食堂也是快餐，南区食堂是面食，北区食堂也是面食，新北区食堂是快餐，由此可见校园食堂中最多的两种食物类别为快餐和面食。

表 9-2 校园食堂档口数统计表

食堂名称	档口数	食堂名称	档口数
东区食堂	26	北区食堂	24
西区食堂	29	新北区食堂	22
南区食堂	6		

9.3 空间数据常规统计与分析

问题 87 利用 GIIUC 系统调查并统计空闲率达到 40% 的教学楼。

全国各省级行政区的人口数量、GDP、粮食产量等各不相同，为了宏观分析各省级行政区的人口与经济发展情况，时常需要使用地图基于不同的分析属性进行可视化表达。在地图制图过程中，为了进一步突出重点信息，时常把数据划分为不同的级别进行统计并显示。空间数据的分级统计分析方法不仅在宏观尺度上运用广泛，其在小区域数据分析中同样适用。请读者利用 GIIUC 系统调查某时段各个教学楼教室空闲率情况，并统计空闲率达到 40% 的教学楼。

实验目的

了解空间数据分级统计分析的主要方法。

问题解析

本实验问题主要涉及空间数据分级统计分析方法。空间统计分析是空间分析的核心内容之一。在对空间数据进行分析和可视化表达的过程中，对于数值变量，为了体现数据自身特征并突出重要的数据信息，通常需要基于特定的分级方法进行等级划分。

实验步骤

在 GIIUC 系统的"学在校园"模块，点击"空闲教室"选项卡，在空闲教室分布栏选择日期和时间段，并选择"查看空闲率"前的复选框，例如选择查看 2020 年 11 月 20 日第 3 节课的教学楼空闲率情况，如图 9-3 所示。

(a) 参数

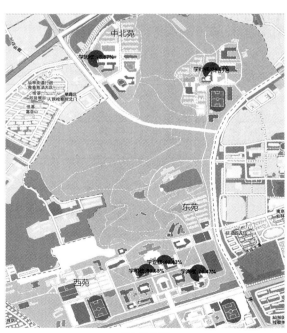

(b) 效果图

图 9-3　所选时段校园教学楼空闲率图

实验结果

通过操作 GIIUC 系统提供的空闲教室功能界面，可得知 2020 年 11 月 20 日第 3 节课时校园中教学楼的教室空闲率情况，以空闲率 40% 作为分级标准，空闲率大于 40% 显示为红色，低于 40% 显示为蓝色。教室空闲率在 40% 以上的教学楼是较适宜自习的场所。在查询结果中：学思楼（60.71%）、学行楼（70.37%）、学明楼（56.14%）的空闲率超过 40%，适合前往自习；学正楼（37.60%）和学海楼（39.22%）空闲率低于 40%，不适合选作自习场所。

彩图 校园
教学楼空闲
率图

在本问题中采用了自定义的分级方法，使用空闲率 40% 作为分级标准进行分析，这种分级方法适用于研究者对所研究的数据集比较了解，并能够找到合适的分级临界点的情况。在更多的实际研究中，可根据具体的数据情况和需要突出的重点信息选择合适的分级方法进行分析和可视化表达。

问题 88　根据 GIIUC 系统中的校园卡消费记录，制作校园各分区餐厅打卡数量统计图。

2020 年下半年进行的第七次全国人口普查，全面查清了中国人口数量、结构、分布等方面的情况，人们根据普查结果数据，进行科学空间统计分析，为社会发展规划、经济高质量发展等提供了决策支持。由此可见，空间统计分析应用于影响民生的重大决策支持，同时，它也可应用于个人生活的方方面面，比如在 GIIUC 系统中，根据校园卡消费记录，制作校园各分区餐厅打卡数量统计图，方便大家寻觅校园最受欢迎的美食。

实验目的

理解空间数据分区统计分析的概念。

问题解析

分区统计是将空间要素按照某种区域单元进行聚合的主要方法。本实验可以采用该方法解答。分区统计既可以用于统计区域单元内某种地理要素的数量特征，还可以用于统计其几何特征。

基于矢量数据可以统计并分析各个分区中目标要素的属性特征及空间几何特征，例如，可以统计各分区内点要素的数量，线要素的长度及面要素的面积。此外，还有一类较为常见的分区统计方式为分区统计各个区域中不同主题要素的属性或几何特征，例如统计各个分区各种用地类型的面积。

实验步骤

在 GIIUC 系统"吃在校园"模块界面左侧点击"打卡"选项卡，选择分析时段中的"日期"和"时段"，点击"查看打卡数据"，可以查看所选时段各个分区食堂的打卡数据，如图 9-4 所示。

点击校园各分区打卡统计图的"制图表达"按钮，在地图上显示校园各分区食堂打卡数量统计图，如图 9-5 所示。

打卡餐厅	打卡档口	打卡时间 ⇅
北区十一食堂	90#	2018/01/20 15:25:00
北区十一食堂	90#	2018/01/20 15:24:00
北区十三食堂	168#	2018/01/20 15:14:00
北区十一食堂	90#	2018/01/20 15:13:00
北区十一食堂	90#	2018/01/20 14:58:00
北区十二食堂	711#	2018/01/20 14:50:00
北区十三食堂	168#	2018/01/20 14:44:00
北区十一食堂	90#	2018/01/20 14:40:00
北区十一食堂	90#	2018/01/20 14:39:00

图 9-4　各分区食堂打卡数据

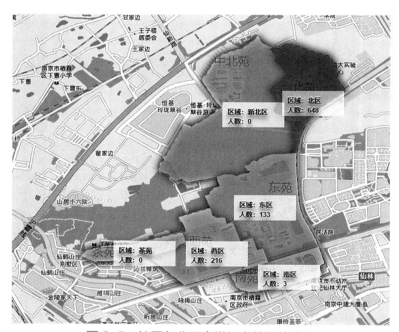

图 9-5　校园各分区食堂打卡数量统计图

实验结果

结合 GIIUC 系统中的食堂打卡数据，根据所选时段，生成食堂分区打卡数量统计图。这里的结果统计图，可直观表达各个分区食堂所选时段打卡情况，及该时段内最受欢迎的食堂。除了 GIUUC 系统里面的食堂分区统计之外，空间数据分区统计也常常用于研究生态保护、矿区分布、土地利用类型分区统计等。采用分区统计统计图，可直观表达各个分区的情况。

问题 89　请结合教学楼上课人数判断周一早上哪个食堂的就餐率可能更高。

在对空间数据进行统计时，我们常常会用密度来反映数据的分布情况。比如对店铺的选址，常常需要了解街区内各处的人口现状，统计街区分布的住宅和每栋的入住人数，然后通过核密度分析得到街区内各处的人口密度，为选址提供有利的辅助。核密度分析结果能直观地反映空间数据在连续区域内的分布情况，利用 GIIUC 系统估算某时段各个教学楼的上课人数，并判断周一早上哪个食堂的就餐率可能更高。

实验目的

掌握空间数据核密度估计的概念和计算方法。

问题解析

假设学生根据上课地点选择最近的食堂就餐，本实验问题可以基于教室的人口密度图来判断就餐率高的食堂。核密度图是应用概率密度函数的核平滑统计法来描述数据分布特征的。采用核密度的方式构建数据分布的密度表面。密度表面可以是二维的，也可以是三维的。空间核密度的计算公式为：

$$\hat{f}(x,y) = \frac{3}{nh^2\pi} \sum_{i=1}^{n} \left[1 - \frac{(x-x_i)^2 + (y-y_i)^2}{h^2} \right]^2$$

式中：$\hat{f}(x,y)$ 为估算目标栅格单元中心点 $p(x,y)$ 的密度；h 为带宽；x_i，y_i 为样点 i 的坐标；n 为带宽范围内样点的个数；x，y 为估算目标栅格单元的中心点坐标；$(x-x_i)^2 + (y-y_i)^2$ 为估算目标栅格中心点到带宽范围内栅格样点 i 之间的欧氏距离的平方。

需要指出的是，带宽的大小对分析结果的精细程度有显著的影响。需要根据分析需要的尺度选择合理的带宽。

实验步骤

在 GIIUC 系统 "学在校园" 模块界面左侧点击 "空闲教室" 选项卡，在空闲教室分布栏下选择日期为 "2020-11-30"，选择时间段为 "第 1 节"，查看下方出现的各个教学楼的上课人数，勾选 "查看人口密度" 复选框，将光标移至地图浏览窗口，放大并查看人口密度图，如图 9-6 所示。

实验结果

观察各个教学楼的上课人数，可以统计出学明楼、学正楼的上课人数最多。从人口密度图可以看出，学生在颜色较深处分布比较密集，而在颜色较浅处分布相对稀疏，因此学明楼、学正楼处的人口密度较大，它们都位于校园的东区。而距离两个教学楼最近的是东区学生食堂，因此周一早上东区学生食堂的就餐率可能更高，如图 9-7 所示。

教学楼	上课人数	详情
学海楼	1017人	详情
学行楼	1552人	详情
学明楼	2945人	详情
学正楼	2471人	详情
学思楼	1874人	详情

(a) 属性

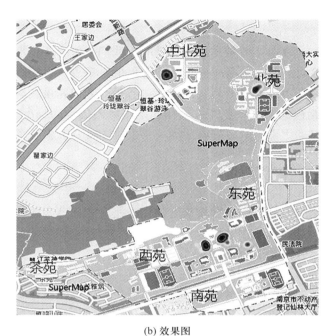

(b) 效果图

图 9-6　教学楼上课人数和密度图

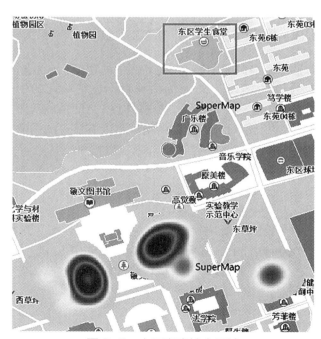

图 9-7　人口密度较大区域

9.4　空间数据插值

问题 90　请利用 GIS 的方法设计并获得该区域的土壤湿度图。

中国气象局可以通过各地分布的气象站点数据计算分析获得全国任一区域的气象信息。这是如何做到的呢？ GIS 提供了空间插值的方法。可以利用这种方法基于现有的离散数据估算连续曲面数据。这在日常生活中也得到了广泛运用。结合校园的应用实例，比如为了给校园某区域的绿化选种提供辅助支撑，需要了解该区域的土壤湿度情况。请读者思考，该如何利用 GIS 的空间插值方法设计并获得该区域的土壤湿度图。

实验目的

（1）了解空间数据插值的方法。
（2）结合实际，掌握利用空间数据插值方法解决空间分析问题的能力。

问题解析

本实验基于土壤湿度采样数据获取土壤湿度问题，可以利用空间数据插值方法求解。因为空间数据插值常用于将离散点的测量数据转换为连续的数据曲面，以便与其他空间现象的分布模式进行比较。空间插值的根本是对空间曲面特征的认识和理解，若具体到方法上，则是内插点邻域范围的确定、权值确定方法（自相关程度）、内插函数的选择等 3 个方面的问题。

空间数据插值方法从内插范围分类入手，分为整体内插法、局部分块内插法和逐点内插法。这里重点讲述局部分块内插法。局部分块内插法只使用邻近的数据点来估计未知点的值，包括以下几个步骤：

（1）定义一个邻域或搜索范围。
（2）搜索落在此邻域范围的数据点。
（3）选择表达这些有限点的空间变化的数学函数。
（4）为落在规则格网单元上的数据点赋值。

常用的内插函数有线性内插函数、双线性内插函数、样条函数、多层曲面叠加函数、距离倒数插值函数、克里金插值函数等。这里不对插值函数做具体介绍。读者若需深入了解，可参考《主教程》关于空间插值的内容及相关论文和著作。

实验步骤

1. 查看设计要求及思路

在 GIIUC 系统的"用在校园"模块，点击"土壤湿度"选项卡，查看设计要求，并在设计要求栏点击"设计思路"按钮，查看分析思路图，如图 9-8 所示：

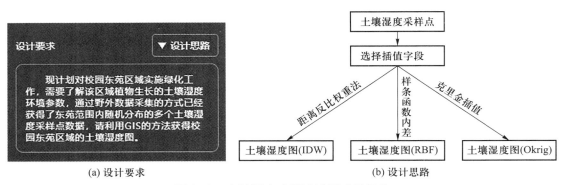

(a) 设计要求　　　　　　　　　　(b) 设计思路

图 9-8　土壤湿度功能设计要求及思路

2. 土壤湿度空间插值分析

在"土壤湿度空间插值"栏中，插值字段选择"采样点土壤湿度"，插值方法可分别选择"距离反比权重法""样条函数内插"和"克里金插值"方法，并点击"插值分析"按钮，在地图窗口查看所选插值函数对应的土壤湿度插值结果，如图 9-9 所示。

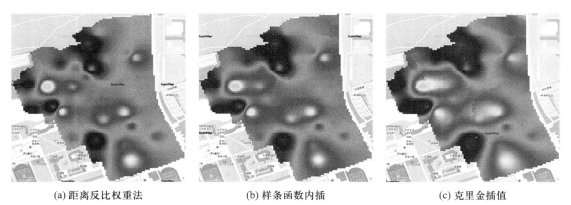

(a) 距离反比权重法　　　　　(b) 样条函数内插　　　　　(c) 克里金插值

图 9-9　各种插值方法对应的土壤湿度图

3. 土壤湿度查询

在"土壤湿度查询"栏中，点击"栅格值查询"按钮，再点击地图窗口中土壤湿度图范围内的任意点查看该点的土壤湿度值。

实验结果

基于 GIIUC 系统中提供的随机分布土壤湿度采样点数据，利用采样点的土壤湿度属性字段，通过选择不同的空间插值方法获得校园东苑区域内土壤湿度的连续曲面数据。利用不同的插值方法计算得到的连续曲面不同。距离倒数插值方法假设未知点处属性值是在局部邻域内中所有数据点的距离加权平均值，是加权移动平均方法的一种；样条函数是数学上与灵活曲线规对等的一个数学等式，是一个分段函数，进行一次拟合只与少数点拟合，同时保证曲线段连接处连续，所以它的插值速度快；地理统计方法为空间插值提供了一种优化策略，即在插值过程中根据某种优化准则函数动态地决定变量的数值，克里金插值就是应用地理统计方法进行空间插值的方法。在具体运用中可通过对比选择最合适的插值方法。

9.5　空间统计分析与空间关系建模

问题 91　从 GIIUC 系统中找出学校教学楼、宿舍、食堂的方向分布特征。

2020 年初暴发了新型冠状病毒肺炎疫情。在如此紧要的时刻，通过科学的空间统计分析方法，了解医疗服务机构的分布情况，对提高地区疫情防控能力尤为关键。其实，空间统计分析不仅仅用来了解医疗服务机构分布情况，还可以用来了解空气污染因子浓度分布情况、土地利用类型变化情况、城市公共交通覆盖情况等。根据 GIIUC 系统中提供的教学楼、宿舍、食堂分布数据，如何应用空间统计分析的方法，了解以上三者的分布特征？

实验目的

（1）掌握空间分布特征统计量的方法及意义。
（2）结合实际，灵活运用空间分布特征方法解决空间分析问题。

问题解析

解答本实验问题，首先需要了解空间分布统计量有哪些方法，再选择合适的方法对区域分布进行分析。常见的空间分布特征统计量包括一组地理要素的平均中心、中位数中心、中心要素、线性方向平均值、标准距离和方向分布等。这里以标准差椭圆为例。

标准差椭圆为一组数据的整体聚类（离散）趋势和方向分布特征的度量提供了有效的方式。其中，椭圆的扁率体现了方向趋势的强弱程度，扁率越大，方向趋势越明显；椭圆的大小体现了数据的聚集或离散程度，椭圆越大，其分布越离散；此外，长轴的方向即要素组的总体分布方向。更为重要的是，对一组要素的度量，有百分比的数据被纳入分析，可以通过确定标准差的倍数，这意味着对于一些异常值，可以通过设置标准差的倍数在一定程度上消除其对结果的影响。

实验步骤

在 GIIUC 系统"学在校园"模块界面左侧点击"方向分析"选项卡，点击教学楼的"分布情况"按钮，在地图上显示教学楼分布情况图，点击教学楼的"方向分析"，显示教学楼标准差椭圆分析结果。点击食堂的"分布情况"按钮，在地图上显示食堂分布情况图，点击食堂的"方向分析"，显示食堂分布情况及标准差椭圆。点击宿舍的"分布情况"按钮，在地图上显示宿舍分布情况图，点击宿舍的"方向分析"，显示宿舍分布情况及标准差椭圆，如图 9-10 所示。

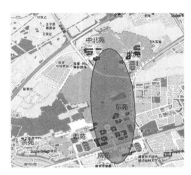 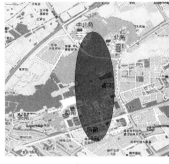 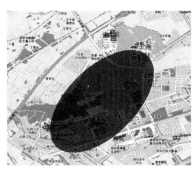

(a) 教学楼分布　　　　　　　(b) 食堂分布　　　　　　　(c) 宿舍分布

图 9-10　校园统计要素分布情况及其标准差椭圆

实验结果

结合 GIIUC 系统中的教学楼、食堂、宿舍分布数据，利用 GIS 软件提供的空间统计功能标准差椭圆分析方法，分别计算这三组要素数据的标准差椭圆，体现它们的分布方向及聚集情况。根据分析结果，我们了解到校园教学楼和食堂呈南北方向分布，椭圆扁率较大，分布相对集中；而宿舍的椭圆呈东北—西南方向分布，扁率较小，分布相对分散。

第 10 章　地理信息可视化

10.1　概　　述

本章主要基于《主教程》第 10 章"地理信息可视化"部分的内容,围绕地理信息可视化概述、地理信息输出方式与类型、可视化的一般原则和可视化表现形式等知识点,设计了"GIIUC 系统中符号的运用方法""GIIUC 系统中注记的使用方法""GIIUC 系统的地图制图等可视化表现形式"等 7 个实验问题,知识点与具体实验问题的对应详见表 10-1。通过本实验,读者将在掌握空间数据采集与分析的基础上,具备初步的空间数据输出与可视化能力。

电子教案
第 10 章

表 10-1　地理信息可视化实验内容

实验内容	实验设计问题
10.2　可视化的一般原则	092　观察 GIIUC 系统的地图,试从颜色、大小、形状等方面谈谈你对点符号设计的建议。
	093　观察 GIIUC 系统的地图,请说明颜色对地图制图的影响。
	094　观察 GIIUC 系统的地图,请阐述地图对哪些设施采取了文字注记的方式。
	095　观察 GIIUC 系统地图中道路注记的制作方法,说出几条对道路注记的制作原则。
10.3　可视化表现形式	096　请问在 GIIUC 系统的新生报到指引地图中突出显示了哪些专题要素,又采用了哪些专题地图表现方式?
	097　GIIUC 系统明暗等高线地图是如何制作的? 采用了哪种表示方法?
	098　请思考 GIIUC 系统三维数字校园地形图添加了哪些地物。它们是如何制作的?

10.2　可视化的一般原则

问题 92　观察 GIIUC 系统的地图,试从颜色、大小、形状等方面谈谈你对点符号设计的建议。

地图是由符号构建的"大厦",没有符号就没有地图,正像没有单词就无所谓语言一样。读者在日常生活中看过大量的地图，一些元素丰富并且很容易看明白的地图通常都有一个共同点，就是它们使用了明确直观、形象生动，很容易让观看者理解的符号。请读者结合 GIIUC 系统中的地图，找到校园兴趣点图层，该图层采用从符号库中选择对应符号进行表达的方式，对比选择统一符号表达的地图，你认为哪种地图更易读懂？试从颜色、大小、形状等方面谈谈你对点符号设计的建议。

实验目的

（1）了解符号设计中视觉变量的概念及意义。
（2）能够运用视觉变量的知识表达空间对象特征。

问题解析

本实验问题的关键在于对视觉变量知识的运用。地图符号的主要类型包括点要素、线要素、面要素、2.5 维要素和三维要素的符号化，这些类型的要素均可以使用视觉变量表达。视觉变量主要通过符号的大小、方向和颜色等进行定义，其分为定量视觉变量和定性视觉变量。常见的视觉变量如图 10-1 所示。例如，一幅地图可用大小不同的圆圈来代表不同规模等级的城市；可利用线宽来区分不同等级的道路；不同的面状图案代表不同的土地利用类型等。

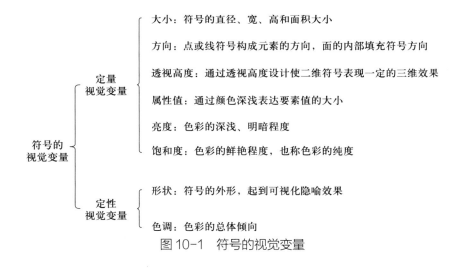

图 10-1　符号的视觉变量

实验步骤

在 GIIUC 系统的"住在校园"模块，点击"分类显示"选项卡，选择"兴趣点"图层前的复选框，在地图窗口浏览不同的兴趣点通过怎样的符号表达，如图 10-2 所示。例如：停车场使用"Ⓟ"符号、超市使用"▣"符号、食堂使用"☺"符号、教学楼使用"▦"符号、配电房使用"⚡"符号、亭子使用"♠"符号、水泵房使用"♨"符号表达等。

在 GIIUC 系统的"住在校园"模块，点击"分类显示"选项卡，将光标移至界面左下角图娃图标（🐸）上，在弹出的窗口点击"符号的视觉变量"右侧的图标（🎥），观看视频。利用 SuperMap iDesktop 软件制作校园兴趣点符号单值专题图，在符号选择器中对不同类型的点要素选择对应风格的符号进行表达，并可对符号的大小、颜色及透明度等参数进行调整，如图 10-3 所示。

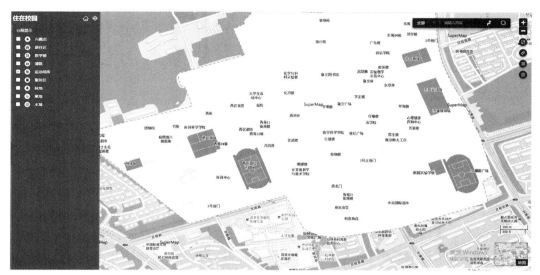

图 10-2　校园兴趣点图层

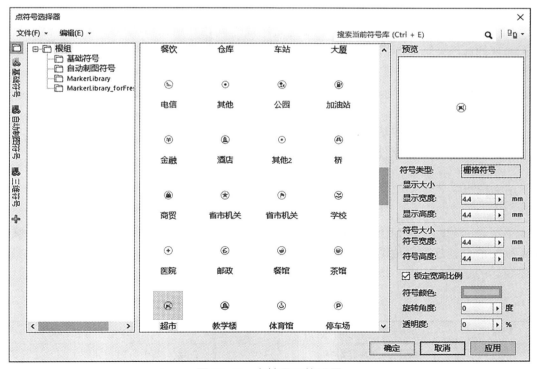

图 10-3　点符号风格设置

实验结果

POI 是"point of interest"的缩写，可以翻译为"兴趣点"。在地理信息系统中，一个 POI 可以是一栋房子、一个商铺、一个邮筒、一个公交站等。通过在 GIIUC 系统中浏览校园兴趣点图层，结合观看系统提供的"符号的视觉变量"演示视频，我们学习到相比选择统一符号表达点要素，在符号库中选择不同形状、颜色的符号对校园兴趣点进行表达更加具有易读性和视觉差异性；相比彩色的符号，黑白灰色调的符号组成的地图给观看者相对严肃的感受。不同的视觉变量有不同的感受效果，视觉符号的选择直接关系到符号的形象特点。以点符号为例，视觉变量中的颜色时需尽量鲜明并具有较高的饱和度；选择形状时需采用会意性图案，尽量简单清晰。

问题 93　观察 GIIUC 系统的地图，请说明颜色对地图制图的影响。

在生活中，我们时常能看见各种醒目的标识、标牌。作为日常的导视系统，不论是从材质、颜色、应用场景，还是表现形式等来看，标识、标牌都有着鲜明的多样性，例如红色的危险标志、黄色的警告标志、绿色的安全标志等。在地图制作的过程中，符号的选取也是传达信息的关键。在 GIIUC 系统中，绘制校园的草地与林地，并为其设置不同的亮度和饱和度。与 GIIUC 系统校园底图对比，请说明颜色对地图制图的影响，尤其对面数据该如何选择颜色？草地、林地、学校建筑物面之间该如何协调搭配，从而获得一幅易读、美观的地图？

实验目的

（1）掌握符号选取的基本原则。
（2）能够利用 GIS 软件正确使用符号有效传达地图信息。

问题解析

本实验问题的关键在于熟练运用符号选取的原则。选择正确的方法表示要素以准确传递正确的消息，这是使地图有效地传达信息的关键。在通常情况下，为符号赋予含义将确定要表达的是定量（大小）差异还是定性（类型）差异，为此，表 10-2 给出了一些建议。

表 10-2　符号选取建议

要素类型	定性差异	定量差异
点要素	首选：色调、形状 次选：方向	首选：大小、值、亮度 次选：透视高度

续表

要素类型	定性差异	定量差异
线要素	首选：色调、形状	首选：大小 次选：透视高度、值、亮度
面要素	首选：色调、形状 次选：方向	首选：值、亮度、饱和度、大小
2.5 维要素	不推荐	首选：透视高度、亮度、值 次选：饱和度
3 维要素	首选：方向、形状 次选：色调	首选：亮度、值、饱和度 次选：大小

以面要素为例，不同的面区域在地图中所表达的性质是不同的，应该根据其性质选用相应的符号表示。在选择面要素符号时，对于定性类型的视觉变量，首选色调去区分其差异。选色时应充分利用色彩的感觉与象征性，使色彩更贴合所表现的内容。不同的内容要素应采用不同的色彩，每类要素中再以色调的变化来显示内部差异。使各要素既能相互区分，又不产生过于明显的主次差别。一般情况下常见的地图要素遵循用色惯例进行设色，例如植被使用绿色，水域使用蓝色。建筑物可以根据地图用途选用不同的色系。例如政区图中建筑物可根据其归属街区选用不同的色系和色值。

实验步骤

在 GIIUC 系统的"住在校园"模块，点击"分类显示"选项卡，将光标移至界面左下角图娃图标（ ）上，在弹出的窗口点击"选取符号的原则"右侧的图标（ ），观看视频。在 SuperMap iDesktop 中以设置 Campus 地图中的林地、草地图层风格为例，具体步骤如下：

打开 Campus 地图，在"图层管理器"中右键点击 Grass 图层，在弹出的右键菜单中选择"图层风格"选项。即可观察到屏幕右侧弹出风格设置窗口。点击"风格"设置窗口中的"设置"按钮，弹出"填充符号选择器"，如图 10-4 所示。

点击前景颜色选择框，打开颜色选择器，点击"其他颜色"拓展选项。在弹出的颜色面板右侧，点击 HSB 模式按钮切换为 HSB 模式设置面板。H 代表色相，S 代表饱和度，B 代表亮度。调整颜色值使前景颜色为浅绿色，如图 10-5 所示。

在填充符号选择器右侧，点击线型选择框，打开"线型符号选择器"，选择线颜色为白色，如图 10-6 所示。

使用同样的方法为林地面图层设置较深的绿色，为学校建筑物面图层设置不同的颜色。

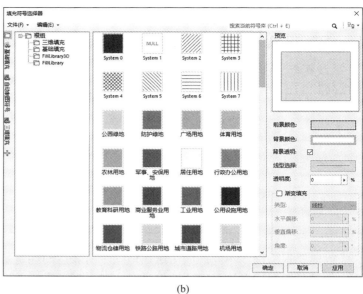

(a)　　　　　　　　　　　　　　　(b)

图 10-4　打开填充符号选择器

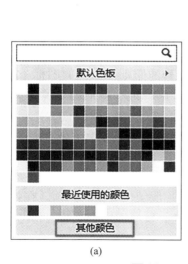

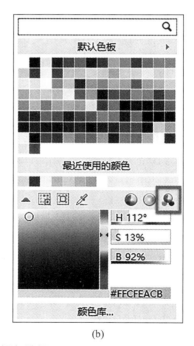

(a)　　　　　　　　　　　　　　　(b)

图 10-5　颜色选择器

彩图 10-5
颜色选择器

实验结果

通过观看 GIIUC 系统中关于选取符号的原则的演示视频，我们知道为了突出主题和区分不同要素，需要确定符号要表达的是定性差异还是定量差异，对符号进行选取，让地

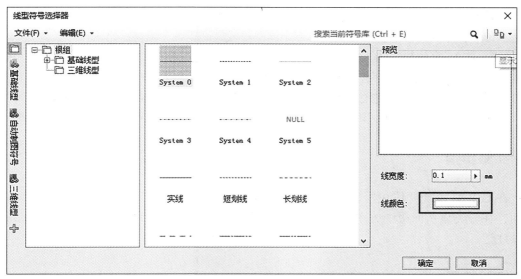

图 10-6　线型符号选择器

图中的地物要素协调搭配。在设计面符号时，首选色调去体现定性差异，并与地图的主题搭配。同时要注意的是，当面区域和其他图层进行叠加显示时，会有遮盖的现象。在实际的地图生产工作中，我们也可以通过设置色彩的透明度，达到半透明效果的显示，从而不影响其他要素的呈现。

问题 94　观察 GIIUC 系统的地图，请阐述地图对哪些设施采取了文字注记的方式。

人们在日常出行过程中，经常需要查看地图，除了通过常见的地图符号去辨别地物，最直观的方式就是查看文字注记。通过文字注记能够准确地获取地理要素名称，以及地理要素的数量特征。文字注记在地图中起着不可或缺的作用。就 GIIUC 系统而言，它对于校园的部分设施也采取了文字注记的方式，那么其中具体有哪些设施呢？

实验目的

了解文字注记在地图中的作用。

问题解析

每幅地图都需要用一定的文字注记来标记制图要素，运用不同的字体类型表达出悦目、和谐的地图是制图者所面临的一项主要任务。

221

字体在字样、字形、大小和颜色方面变化多样。字样指的是字体的设计特征，而字形指的是字母形状方面的不同。字形包括了在字体重量或笔画粗细（粗体、常规或细长体）、宽度（窄体或宽体）、直体与斜体（或者罗马字体与斜体）、大写与小写等方面的不同变化。一般文字注记主要从字体变化、字体类型、字体摆放等方面来表示要素的名称、数量特征。例如，在一幅显示城市不同规模的地图上，一般用大号、粗体和大写字体表示最大的城市，而用小号、细体和小写字体表示最小的城市，而江河这类型水系的注记摆放一般要与要素本身平行。

实验步骤

在 GIIUC 系统"住在校园"模块界面左侧点击"分类显示"选项卡，进入分类显示界面，在分类显示面板中关闭所有图层，然后勾选"运动场所"图层，即可看到运动场所及其注记。

实验结果

按照上述的步骤逐一勾选不同的图层，查看每种类型图层可知，GIIUC 系统校园地图对兴趣点、居住区、教学楼、道路、运动场所、服务区、林地、草地、水域都添加了文字注记，对这些设施采用了不同的字样、颜色、大小等来表示，从而使得图面更加和谐、美观。标注不是一件容易的事，需做到表达清晰、可读、协调和符合习惯，然而制图要素的重叠，位置上的冲突等都使这些要求难以满足，一般需要进行多次、交互式的、基于思维的反复调整才能最终确定。

问题 95　观察 GIIUC 系统地图中道路注记的制作方法，说出几条对道路注记的制作原则。

在制作一幅电子地图时，面对错综复杂的地理信息，除了通过几何图形来表达地物的空间信息之外，还可以通过地图注记来描述地物的名称、种类和数量等属性信息，那么如何运用好地图注记，更清晰直观地向读图者传递信息呢？请以 GIIUC 系统地图中道路注记为例进行观察，以探寻注记的制作方法及运用原则。

实验目的

掌握注记制作方法和运用原则。

问题解析

要回答上述问题，需要了解地图注记的运用原则，主要包括三个方面：

1. 字体变化

通过字体变化，可以表现地物的差异，一般通过字样、字体颜色的差异，表现定性数据；通过字体大小、字体粗细、大小写的差异，表现定量数据。

2. 字体类型

在选择字体类型的时候要考虑可读性、协调性和传统习惯。一幅地图上通常只选用1~2 种字体类型，太多的字体类型会影响地图的协调性。在通常情况下，水系用斜体，行政单元名称用粗体。

3. 字体摆放

注记摆放的位置要求能反映其所标识空间要素的位置和范围，因此注记一般采取就近原则摆放。

实验步骤

在 GIIUC 系统的"住在校园"模块，点击"分类显示"选项卡，将光标移至界面左下角图娃图标（☺）上，在弹出的窗口点击"地图注记的制作原则"右侧的图标（📷），观看视频。具体步骤如下：

1. 数据添加

在 SuperMap iDesktop 的工作空间管理器中选中需要添加的道路数据（RoadLine 数据集），直接拖拽至数字校园底图（Campus）的图层管理器中。

2. 校内道路标签专题图制作

在图层管理器中，右键单击道路图层（RoadLine@Campus），在右键菜单中选择"制作专题图"，并在弹出的"制作专题图"对话框中，选择专题图类型为"标签专题图"，专题图风格选择"统一风格"，点击"确定"按钮。

在弹出的专题图面板中，分别通过属性、风格、高级选项卡设置专题图参数。在属性选项卡中，选择标签表达式为"Name"，取消勾选"流动显示"，如图 10-7（a）所示；在风格选项卡中，字体名称选择"文泉驿微米黑"，对齐方式选择"中心点"，文本颜色设置为灰色（"#7F7F7F"），字体效果勾选"加粗""轮廓"，如图 10-7（b）所示；在高级选项卡中，设置沿线显示方向为"从上到下，从左到右放置"，设置周期间距单位为"0.1 mm"，沿线周期间距为"1 000"，如图 10-7（c）所示。

修改"图层属性"参数，为当前道路的标签专题图图层（下文简称 A 图层）设置最小可见比例尺为"1∶3 500"，设置显示过滤条件为 Type = ' 校内道路 '，使 A 图层仅显示校内道路名称，如图 10-8 所示。

3. 校外道路标签专题图制作

在图层管理器中，复制并粘贴 A 图层，得到新的标签专题图（下文简称 B 图层）。修改 B 图层的"图层属性"参数，设置最小可见比例尺为"1∶8 000"，并设置显示过滤条件为：Type = !' 校内道路 '，仅显示校外道路名称；在"专题图"的"风格"选项卡中，修改字号为"12"，在地图中显示校外道路名称的注记，如图 10-9 所示。

4. 注记显示效果优化

修改"地图属性"参数，勾选"文本反走样"，使注记显示效果更清晰，如图 10-10 所示。

(a) 属性选项卡　　　　　　(b) 风格选项卡　　　　　　(c) 高级选项卡

图 10-7　标签专题图参数设置

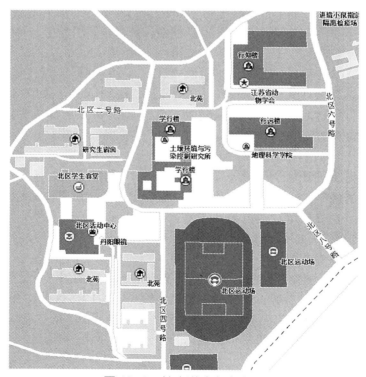

图 10-8　校内道路名称注记

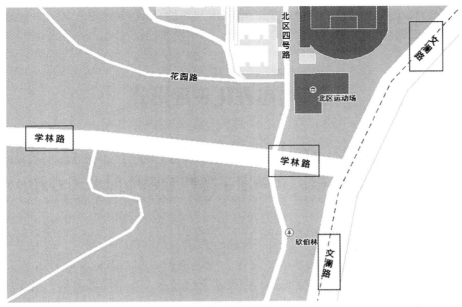

图 10-9　校外道路名称注记

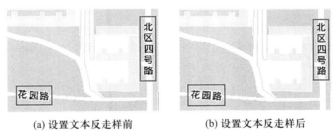

(a) 设置文本反走样前　　　　　　　(b) 设置文本反走样后

图 10-10　地图注记反走样效果

实验结果

根据上述操作，我们知道 GIIUC 系统地图中的道路注记制作，是通过 GIS 软件的标签专题图来实现的。道路注记的制作原则，需要从字体变化、字体类型，以及字体摆放等方面来考虑。例如，在字体变化方面，通过不同的字号大小（如 11 号、12 号），区分不同等级的道路（如校内道路、校外道路）；在字体类型方面，通过设置粗体与字体轮廓，以及采用文本反走样显示，来增强道路注记的清晰度、提升可读性；通过设置字体颜色（如灰色字体），使注记与底图的色调更协调；通过设置注记的对齐方式、沿线标注方式，实现道路注记沿着道路中心线的走向摆放。

在道路注记的运用原则中，关于字体变化、字体类型方面的部分原则，也适用于行政区划名称注记。例如，在百度地图中，通过大号的黑色字体表示省会城市，小号灰色字体表示地级市或县级市。

此外，注记的摆放位置虽然通常以靠近并明确指示被注记的对象为原则，但是同时需要注意不能压盖重要地物（如省级政府、地级市政府所在地），若遇到注记冲突，则应根据重要级别予以避让。

10.3　可视化表现形式

问题 96　请问在 GIIUC 系统的新生报到指引地图中突出显示了哪些专题要素，又采用了哪些专题地图表现方式？

在我们现实生活中，经常会看到公交线路示意图、地铁线路示意图，或者天气预报地图等，这些突出表达专题信息的地图，统称为专题地图。在 GIIUC 系统中，校园迎新图就属于专题地图，请仔细观察这幅地图，查找其突出显示了哪些专题要素，又采用了哪些专题地图表现方式？

实验目的

理解专题地图的定义和表现方式。

问题解析

要回答上述问题，需要了解专题地图的定义、特点，以及表现方式。专题地图是围绕地图主题，采用各种制图方法，突出显示与主题相关的一种或几种要素的地图。由此可知，专题地图最大的特点就是"紧扣主题"，即只将一种或几种与主题关联的要素详细显示和突出显示，而其他要素则根据需求概略显示，甚至不显示。此外，专题地图有多种表现方式，其中较为常见有单值专题图、多值专题图、连续值专题图、点密度专题图、统计图表专题图等。

实验步骤

在 GIIUC 系统"用在校园"模块界面左侧选项卡栏，选择"迎新指引"选项卡，这时界面左侧操作窗口中将列出多个图层，如图 10-11 所示。

点击任意图层的复选框控制对应图层的显示与隐藏，可以更直观地观察校园中与迎新专题相关的要素信息。例如，仅勾选"新生报到站点"和"新生报到站点标注"的复选框，对比查看新生报到点的符号，如图 10-12 所示，本科生、硕士生和博士生的报到站点是通过不同的符号表达的。

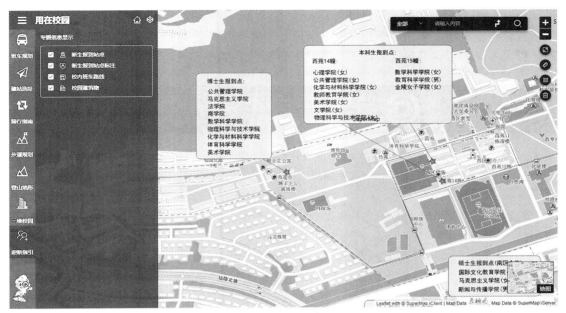

图 10-11　迎新地图

实验结果

根据上述操作，我们知道 GIIUC 系统中校园迎新图的主题是"迎新"，围绕该专题，突出显示了新生最关心的报到点、班车路线、班车站等要素信息，同时基于校园基础地理底图，显示了校园概貌，便于新生快速了解校园教学楼、宿舍、食堂等地物的位置与分布。在校园迎新图中，采用了多值专题图的表现方式，将本科生、硕士生和博士生的报到站点通过不同的符号表达；同时还采用了单值专题图的表现方式，将班车站点通过相同的符号表达，如图 10-13 所示。

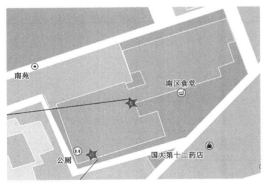

图 10-12　报到站点符号表达

图 10-13　班车站点的单值专题图表达

多值专题图一般用于区别不同对象之间类型的差异，在实际应用中具有广泛的适用场景。例如，北京城市轨道交通线网图，如图 10-14 所示，在表示普通地铁站点和换乘站点时，采用两类不同的点状符号分别表达，在表示 1 号线、2 号线等不同线路时，则采用粗细相同、色调不同的线状符号来分别表达。如表 10-3 所示，在 GIIUC 系统数字底图中，校园兴趣点也采用了多值专题图的表达方式，由于兴趣点的类型字段值并不相同，所以这里选择了不同的点状符号，突出表现不同类型要素之间的区别。

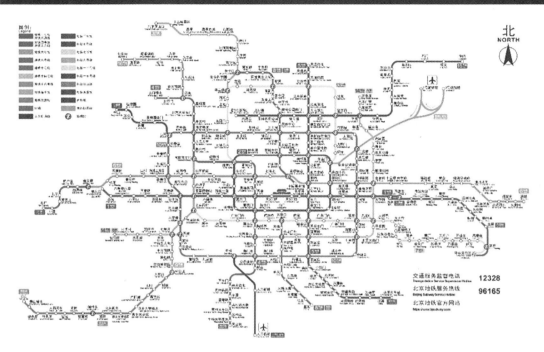

图 10-14　北京城市轨道交通线网图

表 10-3　校园兴趣点符号对应表

Type 值	符号	显示大小 /mm	Type 值	符号	显示大小 /mm
地标性建筑	◉	3.6*3.6	活动中心		4.4*4.4
广场		4.4*4.4	体育馆		4.2*4.2
图书馆		5.4*5.4	球场	⊞	3.5*3.5
医院	✚	4.4*4.4	配电房		2.8*2.8
田径运动场		4.4*4.4	学校		5.4*5.4
教学区		4.4*4.4	泳池		4.4*4.4
食堂		4.4*4.4	园区		1.9*4.8
居住区		4.4*4.4	器材室		3.1*3.1

续表

Type 值	符号	显示大小 /mm	Type 值	符号	显示大小 /mm
超市	🏪	4.4*4.4	发展用地	⛰	4.5*4.5
宾馆	⊖	4*4	博物馆	🏛	4.4*4.4
草坪	✲	3.3*1.9	公厕	🚻	4.4*4.4
水泵房	♨	4.4*3	水域	⊖	3.2*3.2
桥梁	🌉	4.4*4.4	仓库	🏛	4.4*4.4

问题 97 GIIUC 系统明暗等高线地图是如何制作的？采用了哪种表示方法？

户外运动爱好者时常会用到等高线地图。在定向越野比赛中，人们使用的专业地图也是等高线地图。这是因为在普通城市地图或影像地图之中，我们只能了解哪里是山地，却很难看出具体的海拔落差，以及坡度的缓陡，而这些恰恰是设计徒步线路的关键因素。为提高等高线的表现力，在 GIIUC 系统中就为非 GIS 专业人员制作了校园山坡的一幅明暗等高线地图。请通过 GIIUC 系统中的操作，来探寻这种地图是如何制作的，采用了哪种表示方法。

实验目的

（1）理解等值线的含义及应用场景。
（2）掌握利用 GIS 软件制作等值线的方法。

问题解析

要回答上述问题，需要了解什么是等高线，什么是明暗等高线，两者有什么关联。等高线是一种表示地面起伏形态的等值线，它是把地面上高程相等的各相邻点相连所形成的闭合曲线，垂直投影在平面上的图形。地图上最常用的表示地貌的方法就是等高线法，但其不足之处是所表示的地形立体感不强，非专业人员很难清楚地解读它所描述的实际地表形态。为提高等高线的表现力，明暗等高线法应运而生，它是在确定光源的前提下，将背光坡的等高线加粗或加深，向光坡的等高线变细或变浅，即形成明暗的反差，从而提高等高线的立体效果。但读者需注意，小比例尺等高线地图属于国家机密，使用时应当遵守我国测绘领域的法律法规。

实验步骤

在 GIIUC 系统"用在校园"模块界面左侧选项卡中，选择"登山地形"选项卡，在界面左侧操作窗口中列出了实验数据，包括等高线、地形、坡向图。同时，在地图窗口中弹窗显示明暗等高线的制作思路。如图 10-15 所示，在 GIIUC 系统中制作明暗等高线共包含三步：

1. 等高线栅格二值化

将等高线栅格进行二值化处理，结果数据集默认命名为"二值化结果"，如图 10-16 所示。

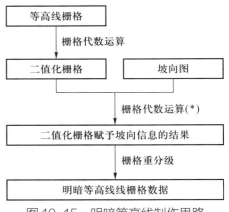

图 10-15　明暗等高线制作思路

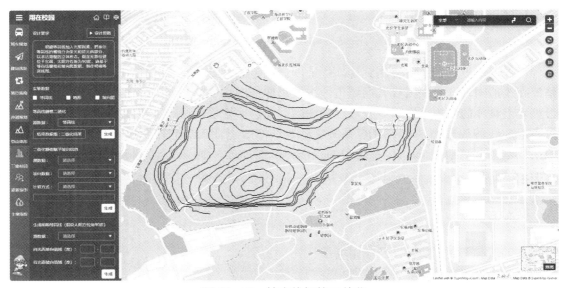

图 10-16　等高线栅格二值化

2. 二值化栅格赋予坡向信息

基于二值化栅格和坡向图数据，通过栅格代数运算，将坡向信息赋给二值化栅格，栅格代数运算的公式为：二值化结果 * 坡向图，获得的结果数据集默认命名为"运算结果"，如图 10-17 所示。

3. 生成明暗等高线

假定光源位置位于东面，太阳方位角为 90°，设置向光面坡向值域为 0～180，设置背光面坡向值域为 180～360，并选择源数据为"运算结果"，点击"生成"按钮，获得明暗等高线，如图 10-18 所示。

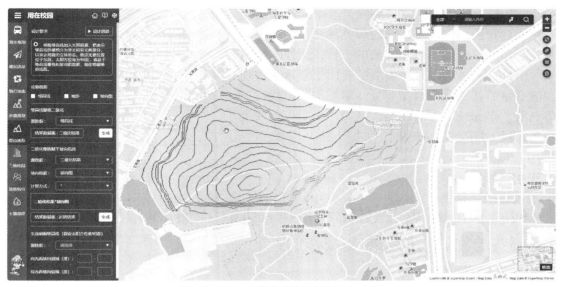

图 10-17　二值化栅格赋予坡向信息

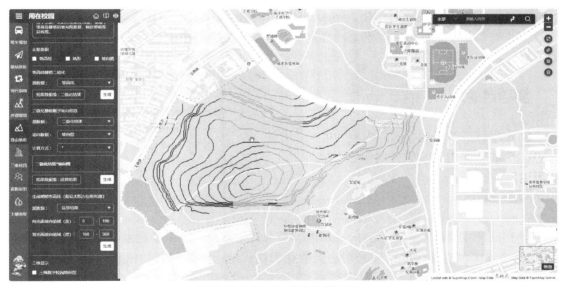

图 10-18　生成明暗等高线

实验结果

根据上述操作，我们知道 GIIUC 系统中明暗等高线的制作需要基于光源位置，分别计算出向光和背光的坡向值域范围，采用栅格重分级的方法将位于向光和背光面的等高线重新赋值（如 1 和 2），并设置不同颜色（如白色和黑色）进行区分；除了栅格重分级之外，还可以直接采用栅格范围分段专题图实现不同值域区间的不同颜色表达。

GIIUC 系统中的明暗等高线，采用的是明暗等高法表达地貌，它以等高线的颜色深浅不同或粗细不同表示地形，属于等高线法的一种；而等高线属于等值线的一种类型，等值线一般用于表示某种现象的数量特征变化或数量差异。常见的等值线有：等高线、等深线、等温线等。例如，采用等温线表示某区域 1 月气温分布情况，如图 10-19 所示。

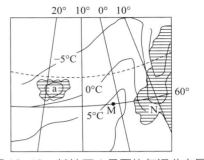

图 10-19　某地区 1 月平均气温分布图

问题 98　请思考 GIIUC 系统三维数字校园地形图添加了哪些地物。它们是如何制作的？

当我们浏览在线电子地图（如百度地图、高德地图）时，不仅可以看到二维地图，通常还可以切换查看三维地图，这样可以更直观地观察到现实世界的立体效果，便于读图者识别地图信息、查找地物与定位。那么，在 GIIUC 系统中是否有三维地图？如果有的话，那么其中都添加了哪些地物要素来增强地图对现实世界的模拟表达效果？这些地物是通过 GIS 软件制作的吗？

实验目的

（1）掌握三维景观显示的内容和可视化方法。
（2）能够利用 GIS 软件制作三维地图。

问题解析

上述问题主要涉及三维景观的显示内容与可视化方法。三维景观主要展示地形起伏和地表地物，其中地形起伏可以采用地形数据表达；地表表面的地物信息，可以通过各类遥感影像数据（航空、航天、雷达等），或者通过三维模型数据表达，例如三维建模软件 3DS MAX 的建模成果。其中，叠加在地形表面的影像数据，最常用的为航空影像；而三维模型数据，可以采用的建模来源有很多，例如 3DS MAX、CATIA、SketchUp、Revit 等软件制作的模型数据，它们都能够与地形、影像数据结合，展示地表表面的各种人工和自然地物，如公路、河流、桥梁、地面建筑等，表达信息含量丰富的三维立体景观。同时，结合 GIS 软件，这些数据还可以支撑地表地物的空间信息查询、量算、分析与管理。

实验步骤

在 GIIUC 系统"用在校园"模块界面左侧选项卡中，选择"三维校园"选项卡，在界面左侧操作窗口的"飞行控制"模块中，点击飞行按钮（▶），通过飞行模式浏览三维数字校园地形图。

在"站点查看"模块中，将飞行站点切换为"站点 25"，查看该飞行站点视角下的三维数字校园地形图，如图 10-20 所示。

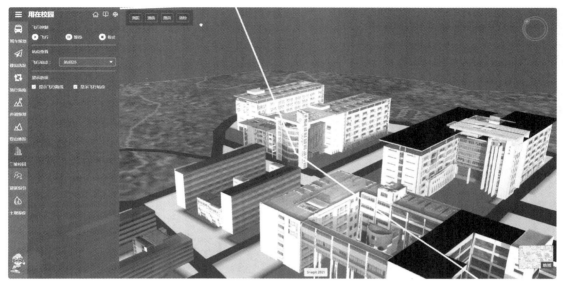

图 10-20　飞行站点查看（以站点 25 为例）

实验结果

根据上述操作，我们知道 GIIUC 系统的三维数字校园地形图中添加了地形、地表建筑（如教学楼、宿舍楼、图书馆）、水域、绿地、操场等地物。其中，地表建筑物从生产的层面，可分为两类数据：一类是基于专业建模软件（如 3DS MAX）构建的精细模型；另一类是基于 GIS 软件构建的简单建筑物，基于建筑底面的矢量面进行拉伸，然后将建筑物表面纹理"贴"在拉伸体表面实现建筑物快速立体显示。这些地表地物，都可以通过配置一定的高程信息，实现与地形、影像等数据的匹配显示，丰富三维地图中的地理信息，使其更贴近现实世界。

第 11 章　网络 GIS 与地理信息服务

11.1　概　　述

本章主要基于《主教程》第 11 章"网络 GIS 与地理信息服务"部分的内容，围绕网络 GIS 与地理信息服务、网络地理信息系统、地理信息的网络服务等知识点，设计了"GIIUC 系统中的基于 SuperMap GIS 软件开发""GIIUC 系统面向不同的校园应用需求的地理信息服务功能拓展等"两个实验问题，知识点与具体实验问题的对应详见表 11-1。通过本实验，读者将在掌握基于计算机网络的 GIS 服务的基础上，具备初步的网络 GIS 软件开发与服务的能力。

表 11-1　网络 GIS 与地理信息服务

实验内容	实验设计问题
11.2　网络地理信息系统	099　请查阅资料，阐述 SuperMap GIS 基础平台软件架构及其特点。
11.3　地理信息的网络服务	100　面向不同的校园应用需求，GIIUC 系统还可以具备哪些能力和拓展性功能？

11.2　网络地理信息系统

问题 99　请查阅资料，阐述 SuperMap GIS 基础平台软件架构及其特点。

GIIUC 系统是采用 SuperMap GIS 软件开发，基于网络环境提供地理信息服务的应用系统。请结合"网络地理信息系统"的知识点，从网络 GIS 平台的角度来尝试了解 SuperMap GIS 平台的体系架构，并学习其中不同产品的定位与特点，探寻 GIIUC 系统建设项目中，采用了 SuperMap GIS 产品体系中的哪些软件进行开发。

实验目的

（1）理解广义网络地理信息系统的概念。

235

（2）了解 SuperMap 的 GIS 软件平台体系。

问题解析

上述问题主要是探寻 SuperMap GIS 平台的体系架构，以及其中不同产品的定位与特点。

首先，我们需要了解什么是网络 GIS。网络 GIS 有广义和狭义之分。狭义网络 GIS 是基于一定时期内特定形式的计算机网络和分布式对象技术的融合所形成的 GIS 系统；广义的网络 GIS 则包含了以各种网络协议和不同分布式软件体系构建起来的 GIS 应用。一般而言，可以是城域网 / 广域网 GIS、Internet/Intranet GIS、无线网络 GIS、移动与嵌入式 GIS 的各种组合。

其次，我们知道很多 GIS 平台厂商正是按照这种广义的网络 GIS 框架，来设计生产自己的平台软件，例如超图公司的 GIS 软件平台体系，围绕网络为核心，主要将产品划分为"云服务""边缘服务""端应用"，即在云端通过服务的方式实现资源共享、提供 GIS 功能，在网络环境的支持下，在多个终端（如桌面端、网络端或移动端）进行访问，而边缘 GIS 服务器则作为 GIS 云和应用终端间的边缘结点，通过服务代理聚合与缓存加速技术，有效提升云 GIS 的终端访问体验。

实验步骤

前往超图官网，探寻不同软件架构的 GIS 产品定位及特点。

1. 浏览超图产品体系介绍

打开超图官方网站，浏览 SuperMap GIS 10i（2020）产品体系概述，如图 11-1 所示。

图 11-1　SuperMap GIS 10i（2020）的产品体系

2. 了解服务器 GIS 软件平台产品

点击"服务器 GIS 软件开发平台"的图标（☁），打开链接网址，可看到服务器 GIS

软件平台的三款产品介绍：SuperMap iServer、SuperMap iPortal 和 SuperMap iManager。

（1）SuperMap iServer。它是基于高性能跨平台 GIS 内核的云 GIS 应用服务器，提供全功能的 GIS 服务发布、管理与聚合能力。

（2）SuperMap iPortal。它作为云边端一体化 GIS 平台的用户中心、资源中心、应用中心，可快速构建 GIS 门户站点。

（3）SuperMap iManager。它是 GIS 运维管理软件平台，可用于应用服务管理、基础设施管理、大数据管理。

3. 了解网络端 GIS 软件开发平台产品

点击"网络端 GIS 软件开发平台"的图标（ ⋙ ），打开链接网址，可看到网络端 GIS 软件开发平台的两款产品介绍：SuperMap iClient JavaScript、SuperMap iClient3D for WebGL。

（1）SuperMap iClient JavaScript。它是 GIS 网络客户端开发平台，基于现代 Web 技术栈构建，是 SuperMap GIS 和在线 GIS 平台系列产品的统一 JavaScript 客户端。

（2）SuperMap iClient3D for WebGL。它是基于 WebGL 技术实现的三维客户端开发平台，可用于构建无插件、跨操作系统、跨浏览器的三维 GIS 应用程序。

实验结果

根据上述操作，我们了解到超图公司的 SuperMap GIS 10i（2020）产品体系包括了"云 GIS""桌面端 GIS""网络端 GIS""移动端 GIS""在线 GIS"等不同软件架构的产品及其特点。如图 11-2 所示，基于网络环境，SuperMap GIS 产品主要包括"云服务""边缘服务"和"端应用"三个层次。其中，云服务层（如 SuperMap iServer）提供高可用性的 GIS 服务，"边缘服务"（如 SuperMap iEdge）提供更快速的 GIS 服务，同时通过多样化的"端应用"（如桌面平台 SuperMap iDesktop、移动端 SueprMap iMobile），实现在多端设备上使用 GIS 服务。

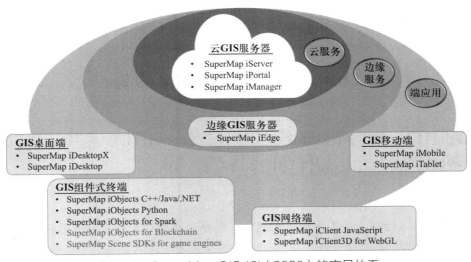

图 11-2　SuperMap GIS 10i（2020）的产品体系

　　基于云边端（云服务、边缘服务、端应用）的完整 GIS 软件体系，可以构建一套完整的云边端一体化的 GIS 应用系统，如图 11-3 所示。具体而言，通过云 GIS 管理服务器（SuperMap iManager）、云 GIS 门户服务器（SuperMap iPortal）、云 GIS 应用服务器（SuperMap iServer）快速构建功能强大的云 GIS 平台中心；同时，在靠近客户端的一边部署边缘 GIS 服务器（SuperMap iEdge），减轻云中心的压力；通过端应用（SuperMap iMobile、iClient、iDesktop、iObjects 等），协助构建跨多种平台的客户端应用，在多样化的设备上对接云 GIS 服务平台、超图在线 GIS 平台（SuperMap Online）。例如，GIIUC 系统就是基于云 GIS 应用服务器（SuperMap iServer）发布在线服务（如地图服务、数据服务），同时基于网络端 GIS 软件（SuperMap iClient）构建的网络 GIS 应用系统。

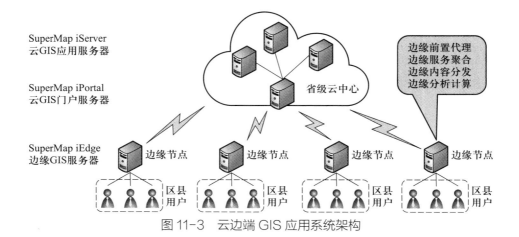

图 11-3　云边端 GIS 应用系统架构

　　此外，多端应用不仅可以使用云 GIS 平台中的 GIS 数据和服务，进行地理信息的多端展示；也可以为云平台进行数据的采集、制作并上传到云平台，例如 GIIUC 系统中所采用的数据，就是通过桌面端 GIS 软件（SuperMap iDesktop）实现数据的内业录入与制作，并通过云 GIS 应用服务器（SuperMap iServer）发布共享。若有必要，也可以采用移动端 GIS 软件（SuperMap iMobile）开发移动端 APP，实现数据的外业采集。

11.3　地理信息的网络服务

问题 100　面向不同的校园应用需求，GIIUC 系统还可以具备哪些能力和拓展性功能？

　　我们在日常出行时，经常使用打车软件、共享单车软件，以及导航软件，进行定位、查找周边设施或规划路线等应用。作为一名 GIS 学习者，读者是否思考过这些软件有没有使用 GIS 技术？或者在读者的生活中，哪些方面可以通过 GIS 技术来提供更好的服务？

请以 GIIUC 系统为例，结合"网络 GIS 与地理信息服务"知识点，探寻面向不同的校园应用需求，GIIUC 系统还可以具备哪些能力和拓展性功能。

实验目的

（1）理解地理信息的网络服务的含义和服务模式。
（2）运用地理信息网络服务的知识解决实际应用问题。

问题解析

上述问题主要是探寻 GIS 技术在大众服务中的应用，以及思考 GIS 系统的拓展性功能。我们首先可以通过 GIS 的发展趋势，尤其是服务化趋势，来了解 GIS 技术已逐渐融入人们日常生活的发展趋势；其次，可以通过地理信息网络服务的模式和内容，探寻 GIIUC 系统还具备哪些能力和拓展性功能。

1. GIS 发展的两大趋势

（1）GIS 应用服务化发展趋势。我们知道在人们的生产和生活中，大部分活动几乎都与地理空间位置有关（如查找附近的共享单车、加油站、车站、住宿等）。如何迅速而有效地处理地理信息，从而使人们能根据已掌握的地理信息正确地指导生产和生活，已成为人们普遍面临的问题。由此引发的一系列需求，引导着地理信息平台应用从专业技术领域迅速走向普适化、服务化的应用。

（2）GIS 的网络化发展趋势。由于数据资源的传输与共享必须通过网络实现，因此，网络 GIS 成为整个 GIS 解决方案的基础架构，这又为地理信息的普适化和服务化应用提供了技术支撑。尤其在这个全民互联网的时代，网络支撑有利于 GIS 实现社会化服务，网络 GIS 已飞入寻常百姓家。简而言之，在 GIS 平台建设时，资源的统一和共享，必须通过网络化的私有云或公有云 GIS 平台实现。

2. 地理信息的网络服务模式与内容

地理信息网络服务，即基于网络环境所提供的地理信息服务。GIS 的应用规模和地理服务方式，与计算机网络及其他通信网络的发展密切相关。

从服务模式来说，地理信息网络服务可以分为三类：基于 Internet 的地理信息服务模式、基于无线通信技术的地理信息服务模式、基于网格的地理信息服务模式。其中，第一类方式最为常见，它是网络技术应用于 GIS 开发的产物，基于互联网技术的发展，将 GIS 应用真正融入了千家万户。

从地理信息的网络服务内容来说，主要包括：地理数据分发服务、制图服务、查询分析与辅助决策服务和基于位置的服务。其中，地理数据分发服务是指通过 Internet 实现远程用户对基础地理信息数据、目录及非涉密样本数据的查询检索、产品订购、公开数据下载等功能，目前已有非常广泛的应用，例如，国内政府的天地图、企业级地图（如高德地图、百度地图）都提供了相关功能。

实验结果

根据上述解析，我们了解到网络化和服务化是 GIS 发展的必然趋势。以下就结合这两方面的知识，探寻 GIIUC 系统还可以具备哪些能力或拓展性功能。

首先，从 GIS 发展趋势的相关知识来看，GIIUC 系统正是基于网络化的私有云 GIS 平台，应用于大众服务的案例。目前 GIIUC 系统主要面向的服务对象为在校师生，提供了"学在校园""吃在校园""用在校园""住在校园"四个功能模块。基于这四个模块，可扩展更多功能，为广大师生提供便利，例如：在"学在校园"模块中，可增加"课程管理"功能，提供课表查询、授课教学楼查询定位、选修课在线选课等功能。

其次，也可为 GIIUC 系统拓展服务对象，增加更多功能模块，甚至子系统。例如：面向校保卫处管理人员，可提供"校园安全监控管理"模块，对接校保卫处监控视频流数据，在地图或三维场景中点击摄像头图标即可浏览监控情况，使管理者更容易将监控信息与位置信息进行关联，提升信息化综合管理能力；面向校后勤管理部的管理人员，可提供"校园能耗监管"模块，对接水、电、气等读表数据，在地图或三维场景中直观展示用水、用电、用气情况，根据预先定义的能耗阈值进行专题展示，便于校后勤管理部门监控各楼能耗情况。

其次，从地理信息的网络服务模式来看，目前的 GIIUC 系统属于基于 Internet 的地理信息服务模式，也可以采用基于无线通信技术的地理信息服务模式，开发运行于移动终端设备的 APP（即应用软件），结合无线通信技术，校内师生可以在移动设备上随时随地享受地理信息服务。

再次，从地理信息的网络服务内容来看，GIIUC 系统已提供了制图服务、查询分析与辅助决策等服务，还可以拓展提供基于位置的服务（LBS）。例如，在 GIIUC 系统的移动 APP 中，提供导航功能，可根据用户的当前位置、设定的目的地，分析并显示行走模式下的路线简图；提供"一键报警"功能，用户在遇到危险时，可以将当前的空间位置和求救信息，实时地通过无线通信工具发送给紧急联系人，并提供一键拨打 110 或校安保部门电话的功能。

参考文献

［1］ 龚健雅，秦昆，唐雪华，等. 地理信息系统基础［M］. 3 版. 北京：科学出版社，2024.

［2］ 李满春，陈振杰，周琛，等. GIS 设计与实现［M］. 3 版. 北京：科学出版社，2023.

［3］ 刘美玲，卢浩. GIS 空间分析实验教程［M］. 北京：科学出版社，2016.

［4］ 闾国年，汤国安，赵军，等. 地理信息科学导论［M］. 北京：科学出版社，2019.

［5］ 汤国安. 地理信息系统教程［M］. 2 版. 北京：高等教育出版社，2019.

［6］ 汤国安，杨昕，张海平，等. ArcGIS 地理信息系统空间分析实验教程［M］. 3 版. 北京：科学出版社，2021.

［7］ 汤国安，钱柯健，熊礼阳，等. 地理信息系统基础实验操作 100 例［M］. 北京：科学出版社，2017.

［8］ 张新长，辛秦川，郭泰圣，等. 地理信息系统概论［M］. 北京：高等教育出版社，2017.

［9］ 张书亮，戴强，辛宇，等. GIS 综合实验教程［M］. 北京：科学出版社，2023.

郑重声明

高等教育出版社依法对本书享有专有出版权。任何未经许可的复制、销售行为均违反《中华人民共和国著作权法》，其行为人将承担相应的民事责任和行政责任；构成犯罪的，将被依法追究刑事责任。为了维护市场秩序，保护读者的合法权益，避免读者误用盗版书造成不良后果，我社将配合行政执法部门和司法机关对违法犯罪的单位和个人进行严厉打击。社会各界人士如发现上述侵权行为，希望及时举报，我社将奖励举报有功人员。

反盗版举报电话　　（010）58581999　58582371

反盗版举报邮箱　　dd@hep.com.cn

通信地址　　北京市西城区德外大街4号
　　　　　　高等教育出版社知识产权与法律事务部

邮政编码　　100120

读者意见反馈

为收集对教材的意见建议，进一步完善教材编写并做好服务工作，读者可将对本教材的意见建议通过如下渠道反馈至我社。

咨询电话　　400-810-0598

反馈邮箱　　hepsci@pub.hep.cn

通信地址　　北京市朝阳区惠新东街4号富盛大厦1座
　　　　　　高等教育出版社理科事业部

邮政编码　　100029

数字课程账号使用说明

一、注册/登录

访问https://abooks.hep.com.cn，点击"注册/登录"，在注册页面可以通过邮箱注册或者短信验证码两种方式进行注册。已注册的用户直接输入用户名加密码或者手机号加验证码的方式登录。

二、课程绑定

登录之后，点击页面右上角的个人头像展开子菜单，进入"个人中心"，点击"绑定防伪码"按钮，输入图书封底防伪码（20位密码，刮开涂层可见），完成课程绑定。

三、访问课程

在"个人中心"→"我的图书"中选择本书，开始学习。